수학으로 보는
4차 산업과 미래 직업

수학으로 보는
4차 산업과 미래 직업

ⓒ 지브레인 과학기획팀 · 박구연, 2019

초판 1쇄 발행일 2019년 4월 22일
초판 2쇄 발행일 2020년 11월 20일

기획 지브레인 과학기획팀 **지은이** 박구연
펴낸이 김지영 **펴낸곳** 지브레인^{Gbrain}
편집 김현주
제작 · 관리 김동영 **마케팅** 조명구

출판등록 2001년 7월 3일 제2005-000022호
주소 04021 서울시 마포구 월드컵로 7길 88 2층
전화 (02)2648-7224 **팩스** (02)2654-7696

ISBN 978-89-5979-606-9(03410)

수학으로 보는

4차 산업과
미래 직업

지브레인 과학기획팀 기획
박구연 지음

지브레인

머리말

미래의 유망 직업 200만 개 중 40만 개가 수학 관련 일자리라는 미국의 발표가 있었다.

사실 미국이나 유럽에서는 수학 전공자들 대부분이 컴퓨터 전문가, 프로그래머, 통계학자, 컨설턴트, 금융·증권 분석가 등 미래 유망 직종에 종사하고 있다. 또한 금융기관과 정부에서는 암호작성, 암호해독을 위해 수학자들을 중용하고 있다.

그렇다면 우리나라는 어떨까?

최근 수학 포기자는 초등 3·4학년부터 나오기 시작한다는 기사가 올라왔다. 그리고 사실 우리가 사는 세상은 사칙연산과 핸드폰의 계산기만 있으면 수학이 없어도 될 거 같다. 누군가와 대화하며 파이와 무한대, 루트를 이야기하지는 않으니 말이다.

그렇다면 왜 세계는 수학을 필수 과목으로 가르치는 걸까? 수학에 스트레스 받고 시간을 낭비하느니 그 시간에 다른 것을 배운다면 인생에 도움이 될 거 같은데 말이다.

이제 시각을 좀 달리해보자. 우리가 앞으로 살아갈 시대는 특히나 2010년대에 태어나 5G 시대를 거쳐 더 발전된 IT 세계를 살아가야 할 세대들에게 수학은 어떤 의미를 가지게 될까?

고대 그리스 로마시대부터 세상을 바꾸어온 과학자, 철학자들은 거의 대부분 수학을 연구했다. 하나의 독립학문으로 발전하기 전까지는 멀티에 가까운 그들의 활약이 눈부신 지금의 과학을 가능하게 하는 초석이 되었다.

과학 분야를 전공한다면 수학은 기본이다. 물리와 우주의 이론 증명에도 수학이 필요하다. 이건 너무 멀리 나갔다고 생각한다면 이제 우리 주변을 살펴보자.

제1차 산업혁명과 제2차 산업혁명, 제3차 산업혁명을 거치면서 많은 직업들(마부, 인력거꾼, 전화 교환원, 전보, 필경사 등)이 사라지고 새로운 직업이 생겼다. 그래서 제4차 산업혁명 시대를 살아가게 될 우리는 미래 직업에 대해 많은 연구를 하고 있다.

사라질 직업으로 회계사, 생산직 근로자, 노동집약적 직업들이 거론된다. 심지어는 판사도 인공지능이 대신할 수 있다는 이야기도 나온다.

새로운 직업으로는 IT산업과 관계가 있는 안드로이드, 사물인터넷, 첨단과학으로 무장한 분야를 꼽는다. 시골의 노동력도 스마트팜으로 대체되어 식량생산을 하게 될 것이라는 전망이다. 즉 인공지능과 기계가 대신하는 세상이 미래사회가 될 것이고 이를 만들고 조종하고 관리하는 새로운 직업들이 사라진 직업들을 대신할 것이라는 전망이다.

그중에서도 전망 있는 미래 직업들은 수학과 밀접하게 관련되어 있다. 해킹되지 않을 암호체계, 사물인터넷 세상에서 더 많은 것들을 가능하게 할 프로그램들 모두 수학이 기초적으로 쓰인다. 알고리즘, 빅데이터의 활용, 더 큰 소수를 이용한 암호…….

이 모든 것이 새로운 직업들과 연결되어 있다. 논리적 사고를 키우기 위해 거론되던 수학의 필요성이 구체적 직업으로 나타나게 된 것이다.

우리는 왜 수학을 알아야 할까?

미래 직업 중 관심 분야가 있다면 그 직업에 필요한 학문 분야가 무엇인지 확인해보자. 여러분이 IT나 과학에 관심이 많다면 또는 영상 관련 직종에서 일하고 싶다면 수학은 포기할 수 없는 학문임을 알게 될 것이다.

제4차 산업사회는 이제 시작되었다.

《수학으로 보는 4차 산업과 미래 직업》에서는 미래 유망 직업을 소개하면서 기본적으로 활용되고 있는 수학들을 소개했다. 물론 책에서 소개하는 수학 이론들은 일부일 뿐 더 많은 수학들이 이용되고 있다. 단지 이 책은 수학의 다양한 쓰임을 소개함으로써 우리가 수학을 포기하지 않았을 때 어떤 기회가 오는지를 소개하고 싶었던 만큼 100세 시대를 살아가는 여러분의 삶에 도움이 되길 바라는 바람이다.

INDUSTRY 4.0

CONTENTS

첨단 서비스 전문가　59

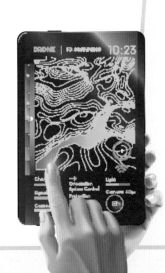

엔터테인먼트와
의료 전문가 　　93

영상 전문가　　179

IT 전문가

빅데이터 전문가

인터넷 시대를 살고 있는 여러분은 빅데이터라는 말을 들어본 적이 있을 것이다. 빅데이터 전문가는 방대한 양의 데이터를 수집하고 분석해 필요한 곳에 자료를 제공하는 전문가를 말한다. 수많은 데이터에서 가치 있는 정보를 채굴해내는 전문가가 바로 빅데이터 전문가인 것이다.

빅데이터 전문가는 컴퓨터가 연산을 실행하고 쉽게 수행하는 정형 데이터를 분석하는 것이 아니라 컴퓨터가 이해하지 못하는 비정형 데이터(페이스북이나 트위터 등 소셜 네트워

빅데이터 속 정보의 가치는 어떻게 쓰느냐에 따라 무궁무진하다

킹 서비스의 확산으로 데이터베이스에 체계적으로 정리되지 않은 웹 문서, 이메일, 소셜 데이터 등)를 직접적으로 분석하고 예측하기 때문에 이러한 작업을 효과적으로 할 수 있는 인력 양성이 중요하다. 이에 따라 전문 자격증도 있다.

빅데이터에 관한 대략적 이미지는 오른쪽과 같다.

그림에서 가장 아래에 위치한 데이터^{Data}는 자료라는 뜻을 가진다. 이 단계는 참과 거짓이 분명하지 않은 영역이 존재한다. 가공되지 않은 데이터는 실효성이 떨어지며, 객관성을 지니기 위해서는 수많은 데이터들을 분석해야 한다.

위즈덤은 빅데이터 전문가 데이터를 수집과 분석 과정을 거쳐 효과적, 효율적으로 추려 정보의 가치를 극대화하는 단계이다.

광물의 초기화 단계에 속하며 다이아몬드의 원석 덩어리와 같은 것이 바로 데이터이다.

그 다음 단계이자 상위 단계인 인포메이션^{Information}은 정보라는 뜻으로, 데이터보다는 활용도가 높고 80~90%의 객관적 신뢰도와 검증 단계를 1, 2회 거친 재원이다.

다음 단계인 날리지^{Knowledge}는 지식을 뜻하며 학문적으로나 이론적으로 여러 번 검증을 거친 데이터이다. 따라서 신뢰도가 95%를 넘으며 신지식 경영에 적용이 가능한 정보 단계이다. 고급 정보이므로 누구나 알기는 어려우며, 미래 예측 자료로써의 가치도 가진다.

위즈덤^{Wisdom}은 확고한 지혜라는 의미이며, 빅데이터와 상등한 의미를 갖는다. 데이터의 완전 가공된 원석의 다이아몬드를 제품화한 것과 같은 단계로 데이터가 완전 가동되어 미래 예측에도 충분히 활용된다. 빅데이터 속 위즈덤 단계는 방대한 바다 같은 드넓은 정보에서 필요한 지식을 끄집어내어 적재적소에 활용됨으로써 우리에게 도움주는 단계가 되는 것이다.

그렇다면 빅데이터에는 어떤 수학적 원리들이 활용되고 있을까?

(1) 그래프 이론

여러분은 집에서 직장까지 가는 길을 몇 가지 정도는 알고 있을 것이다. 그리고 그중 가장 빠른 길을 찾아 출퇴근을 할 것이다. 등산로나 자전거 산책로 등도 여러 가지 길 중 빨리 이동하거나 쉽게 갈 수 있는 합리적인 길을 찾아 활성화되는 경우가 대부분이다. 그리고 이러한 방법을 찾아내는 연구에 그래프 이론이 이용된다.

그래프 이론은 1736년 처음 소개된 이래로 300여 년이 다 되어가는 지금도 많이 사용하는 이론 중 하나이다. 아레나 시뮬레이션을 포함한 많은 패키지 프로그램에서 수학적 방법과 시뮬레이션을 통해 공장의 기계 배치부터 지하철 노선, 네트워크의 설계 등 경로에 관한 수학 분야에서는 빠짐없이 나오는 이론이기도 하다.

이러한 그래프 이론의 시초가 되는 것은 놀랍게도 한붓그리기이다.

독일의 수학자 오일러가 쾨니히스베르크의 다리 문제를 푸는 데서 시작된 한붓그리기$^{Eulerian\ path}$는 복잡한 문제를 도식화하여 간단하게 풀어나간다는 장점도 있다. 한붓그리기는 러시아의 쾨니히스베르크의 다리 7개를 한 번에 건널 수 있는지를 이론적으로 증명하는 문제였다.

결론은 한 번에 지날 수 없었다. 오일러는 그 논리를 밑받침하는 정리도 창안했다. 그것은 '모든 점이 짝수 개의 선을 가지거나 오직 2개의 점이 홀수 개의 선을 가지면 한붓그리기가 가능하다'였다.

쾨니히스베르크의 다리는 모든 점이 홀수선의 개수를 가지므로 한붓그리기가 불가능한 예가 되었다.

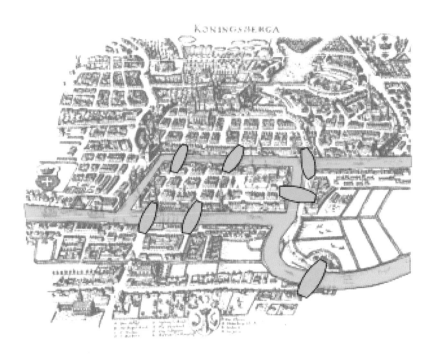

쾨니히스베르크의 다리.

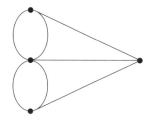

모든 점이 홀수선의
개수를 가지므로
한붓그리기가
불가능하다.

다음 그림은 한붓그리기가 가능한 두 개의 예이다.

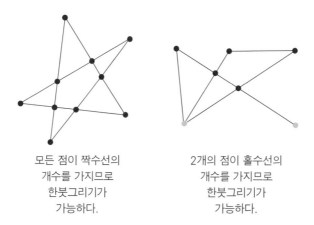

모든 점이 짝수선의
개수를 가지므로
한붓그리기가
가능하다.

2개의 점이 홀수선의
개수를 가지므로
한붓그리기가
가능하다.

(2) 데이터 마이닝

데이터 마이닝Data Mining은 방대한 양의 데이터에서 가치 있는 정보를 골라
내는 작업 또는 과정이다. 데이터를 분석해서 기업에 필요한 전략 가치를 구
사하거나 의사결정을 하기 위한 탐색 정보로 활용된다.

데이터 마이닝의 어원은 광산에서 석탄을 캐거나 바다 혹은 대륙붕에서 원
유를 채굴하는 것에서 유래했다. 따라서 빅테이터 전문가들은 데이터 마이닝
을 통계적 방법으로 분석해 질병, 위험, 재난, 유가, 교통, 범죄 관리에 크게
효과를 보고 있다. 다만 데이터 마이닝은 큰 용량의 데이터를 통계학에 적용
하는 만큼 정밀하고도 정교한 분석 방법을 요구한다.

주성분 분석과 군집분석, 로지스틱 회귀분석 등은 데이터 마이닝에서 많이
쓰는 통계 방법이다.

(3) 비둘기집 원리

비둘기집 원리$^{\text{pigeon-hole principle}}$는 n개의 비둘기집에 $n+1$마리의 비둘기가 들어가면, 최소한 한 집은 두 마리 이상의 비둘기가 들어가게 된다는 원리이다. 독일의 수학자 디리클레가 서랍 원리로 부르며 처음 소개되었던 이 원리는 100여 년이 지나 라파엘 로빈슨이 수학 학술지에 '비둘기집 원리'로 발표하면서 비둘기집 원리로 알려지게 되었다.

《이산수학》에도 소개된 비둘기집 원리는 빅데이터에서 빼 놓을 수 없는 원리이기도 하다. 비둘기집 원리는 방대한 데이터의 압축에 있어서 하나의 아이디어와 응용력을 동시에 제공하며, 단 손실이 없는 압축 알고리즘 파일은 모든 파일에 적용되지 않는다. 왜냐하면 모든 파일이 용량이 적은 파일보다 긴 파일이 더 많기 때문이다.

'서초구에 머리카락수가 동일한 사람이 최소한 2명 존재한다'와 '생일이 같은 두 사람이 존재하기 위해서는 최소한 366명(1년을 365일로 기준)이 있어야 한다'는 비둘기집 원리의 예로 자주 소개된다.

비둘기집 원리는 빅데이터에 중요한 원리이다.

블록체인 개발자

블록체인은 안전하게 데이터를 분산하여 저장하는 기술을 말한다. 블록체인이라는 용어는 장부의 거래내역^{Block}과 연결^{Chain}의 합성어이다.

2007년 나카모토 사토시가 중앙시스템을 탈 중앙시스템으로 투여하고도 안전적 거래 장부를 고안해낸 것이 시초가 되었다. 이에 따라 2009년 그는 암호화폐인 비트코인을 개발하게 된다. 그

비트코인은 가상화폐이다.

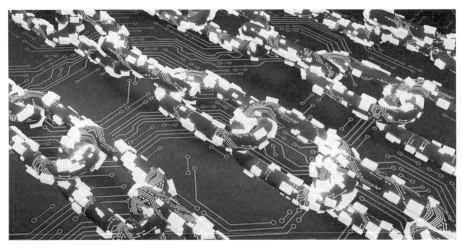

블록체인이 활성화되면 은행의 역할은 축소된다.

후 이더리움과 이오스 등 목적에 따라 다양한 암호화폐가 개발되고 있다.

블록체인은 비용이 비교적 적게 들며, 안전성이 우선시되기 때문에 5G 산업에서도 각광받는 산업이다. 어떤 거래 방식이든 자신만의 고유 영역에 데이터를 저장하고 암호화하므로 외부에서 해킹의 위험을 받더라도 데이터는 안전하게 저장되면서 공격에도 강한 저장 기술이다. 따라서 위조와 변조에 대한 염려도 0%에 수렴할 정도의 고도의 기술로 이해하면 된다.

암호화폐는 만들어진 목적대로 올바르게 사용되고 유통된다면 편리함과 안정성이 높아 사회적 역할이 클 것으로 기대되고 있다.

이와 같은 기대 속에서 에스토니아는 국가로서는 처음으로 국가 내에서 유통하고 사용할 수 있는 암호화폐에 관한 기획을 추진하고 있다. 북유럽 발트해 3국의 하나이며, 130만 명의 인구수를 가진 에스토니아 정부는 전국민의 97.6%가 전자 영주권^{e−Residency of Estonia}을 쓰고 있을 정도로 전자화가 잘되

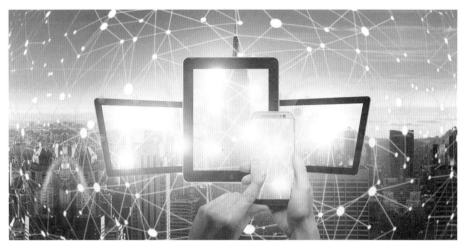

블록체인이 어떤 목적으로 개발되느냐에 따라 그 쓰임은 무궁무진하다.

어 있는 미래형 국가이다. 우리나라도 에스토니아와 암호화폐를 포함한 블록체인에 대해 협력관계를 맺고 있다.

블록체인의 다양성은 아직 걸음마 단계라 볼 수 있다. 하지만 산업에 기여하는 범위 내에서 사용한다면 5G 시대의 4차 산업사회가 열린 이 시대에 IT 산업의 불안정성으로 꼽히는 해킹에서 안전한 장밋빛 미래를 선물할 것이다.

블록체인 개발자는 블록체인을 개발하고 연구하는 소프트웨어 전문가를 말한다. 프로그래머는 코딩에 주업무를 집중하지만 블록체인 개발자는 기업환경에 부합하면서 설계와 프로젝트의 기획 및 운영에 관한 관리 업무를 포괄적으로 담당한다.

정보통신산업진흥원[NIPA]은 블록체인 산업의 활성화를 위해 인력 양성 과정을 추진 중에 있다. 또한 블록체인 개발자가 창업하기 위해서 필요한 법률과

전 세계가 블록체인으로 묶이게 될 것이다.

기술, 회계, 노무 등에 관한 세미나도 개최하는 창업 지원 제도도 마련했다.

블록체인 개발자는 아래의 표처럼 하나의 간단한 플랜의 알고리즘으로 블록체인에 관한 것을 생각하는 것이 효율적이다.

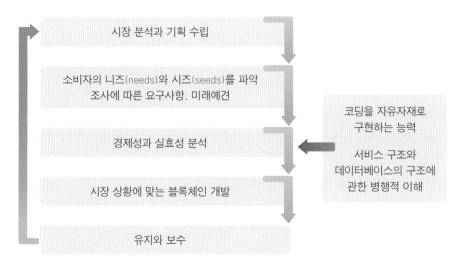

시장 분석과 기획 수립이라는 첫 단계에서는 예비타당성을 조사한 후 블록체인 도입을 기획하는 단계이다. 그리고 SWOT 분석을 통해 강점과 약점, 기회, 위협이 되는 요소는 무엇인지 파악하고 다각도로 분석해 어떠한 상황에서도 안정성을 담보할 수 있는 정교한 기획을 요구한다.

그렇다면 블록체인에서는 어떤 수학 분야가 응용되고 있을까?

(1) 블록체인의 암호에 필요한 난수 생성

존 폰 노이만이 1946년 개발한 난수 생성 방법으로는 중앙 제곱 난수 생성의 방법이 있다. 이는 코딩으로 해결이 가능하며, 이를 숫자 1977로 살펴볼 수 있다.

1977을 제곱하면 3908529로, 7자릿수이다. 8자리로 만들어보면 03908529이다. 여기서 가운데 네 자릿수 9085가 난수가 생성한 첫 번째 수이다. 그 다음 난수 생성은 9085를 제곱한 82537225에서 5372이며, 계속해서 같은 방법으로 난수를 생성하면 8583이 된다.

정리하면 1977, 9085, 5372, 8583, 6678, 5956, …으로 난수가 계속 생성된다.

존 폰 노이만의 난수 생성 방법은 널리 알려진 방법이며, 에니악 컴퓨터로 생성한 초기의 방법이다. 후에 일본에서 선형 합동법으로 난수 생성 방법을 개발했다.

개인 대 개인, 회사 대 개인, 회사 대 회사 등 블록체인의 형태는 다양하다.

(2) 밀스 상수

수는 1과 소수, 합성수로 이루어져 있다. 소수는 리만 가설에서도 중요한 수이며, 우리가 살아가는 사회에서도 다양하게 쓰이고 있는 대단히 규칙적이면서도 불가사의한 수이다.

1947년에 수학자 윌리엄 H.밀스는 소수를 찾는 방법을 개발했다. 이는 소수를 찾는 방법 중 하나인 밀스 상수를 포함한 다음과 같은 간단한 식을 통해서이다.

$$a(n) = \left[A^{3^n} \right]$$

밀스 상수 A는 약 1.30638이다.

여기서 n을 1부터 계속 대입하여 소수를 구할 수 있다. $a(1)$은 약 2.22951이다. [ ]는 바닥함수를 의미하며 소수점 첫째 자리에서 내림하면 2가 된다. 즉 소수의 가장 작은 수인 2가 생성된 것이다.

같은 방법으로 $a(2)$를 구하면 약 11.08219이며 소수점 첫째 자리에서 내림하면 5번째 소수인 11이 된다. $a(3)$을 구하면 218번째 소수인 1361이 생성된다. 이는 차례대로 소수가 생성되지는 않지만 소수를 생성하는 하나의 방법이다.

(3) 힐베르트의 그랜드 호텔

무한대의 개념과 역설을 이야기할 때 빠지지 않는 이론이 있다. 끝이 없는 숫자의 의미로 ∞로 표시하는 무한대는 역설을 설명하는 데도 쓰인다. 바로 힐베르트의 그랜드 호텔을 말한다.

무한개의 객실이 있는 호텔이 있다. 투숙한 손님도 무한명이다. 이 호텔에 어떤 손님이 투숙하려고 들어왔다. 무한개의 객실에 이미 무한명의 손님이 존재하지만 호텔은 이 손님에게 방을 주려고 한다.

이미 꽉 찬 객실에서 방 하나를 비우고 이 손님을 투숙하게 할 수 있는 방법은 무엇일까?

1호실의 손님을 2호실로, 2호실의 손님을 3호실로, 3호실의 손님을 4호실로, … 이동시키면 된다. 따라서 1호실에 새로운 투숙이 들어가면 된다.

그렇다면 무한명의 손님도 모두 투숙이 가능할까?

힐베르트의 그랜드 호텔이론이 갖는 의의는 무엇일까?

방법은 이렇다. 1호실 투숙객을 2호실로, 원래 2호실 투숙객을 4호실로, 원래 3호실 투숙객을 6호실로, 원래 4호실 투숙객을 8호실로 이동시키면… 홀수 번호 실은 비게 된다. 따라서 무한명의 손님이 투숙할 수 있다.

블록체인 기술이 발달하면 미래의 변화는 가속도가 붙을 것이다. 또한 블록체인의 응용분야는 무한대라고 예측하는 경제학자들도 있다. 하드웨어 기반의 블록체인의 처리속도가 앞으로 무한대로 빨라질 전망이라고 하니 블록체인이 변화시킬 사회가 궁금해진다. 그리고 그 주인공은 블록체인에 관심을 갖는 여러분이 될 수도 있다.

사물인터넷 개발자

4차 산업혁명의 중요한 분야이며 인류 역사에 기념비적인 업적 중의 하나는 사물인터넷일 것이다.

앞으로의 세상은 인명 사고가 발생하면 치료를 위해 자동으로 병원 시스템에 연결되고, 보험사에 사고 사실을 통보하는 시스템이 적용될 것이다. 그리고 이것을 가능하게 만드는 것이 사물인터넷이다.

외출하면 집 안의 모든 전자제품과 전자동 시스템이 외출모드로 전환되거나 자동차가 이미 시동을 건 상태에서 여러분을 맞이하게 될 것이다. 인간의 체온에 맞추는 자동온도조절, 방범과 공기 정화, 편안한 잠자리를 신체리듬에 맞춰 제공하는 등 편리한 기능들은 모두 네트워크 연결 회로를 통해 자동수행된다.

당장 우리가 사용하고 있는 GPS의 기능 역시 사물인터넷을 이용한 것이

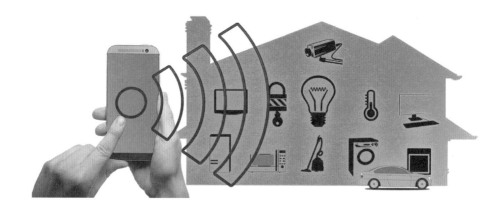

다. 운전 중에 전달되는 교통상황과 목적지를 안내하는 빠른 이동거리 소개, 안전거리를 유지시키는 센서 등 GPS의 기능은 이제 우리에게 어색한 기능이 아니다. 그리고 사물인터넷의 가치는 갈수록 높아질 것이다. 쓰임은 무궁무진할 것이며 목적에 따른 사물인터넷 개발자의 필요성 또한 커질 수밖에 없다. 4차산업시대의 중요 직업 중 하나가 될 수밖에 없는 이유다.

사물인터넷 개발자가 되기 위해 반드시 취득할 자격이나 면허는 아직 없다. 현재는 사물인터넷 개발자는 기초적인 프로그래밍 언어를 아는 것이 중요하다. 그 외에도 소프트웨어 프로그램에 대한 이해도와 데이터 구조에 관해서도 폭넓게 아는 것이 중요하다. 또한 개발기기에 대한 소구력을 파악하고, 시장 예측도 할 수 있어야 한다. 그만큼 기획력도 뛰어나야 한다. 비판적 사고와 의사결정 능력도 필요하며 센서 개발과 프로토콜에 관한 이해도 매우 중요하다. 그렇다면 사물인터넷 분야에 쓰이는 수학으로는 어떤 것이 있을까?

(1) 기초적 프로그래밍 언어

기능이 우수한 프로그래밍 언어는 많다. PHP, C^{++}, 스위프트, 루비 등이 이에 속하며 이처럼 여러 프로그래밍 언어 또는 툴이 있지만 사물인터넷 개발에 더욱 주력하는 프로그래밍 언어는 자바, 파이썬, 자바스크립트일 것이다.

자바는 정보통신기술Information and Communications Technologies: ICT에 관련된 분야 어디서나 적용할 수 있을 정도로 널리 사용되는 프로그램이다. 사이버 공간의 어디서나 연결되고 호환이 가능한 자바는 사물인터넷 개발자라면 필수적으로 알아야 할 프로그램이라 할 수 있다.

파이썬Python은 범용성이 뛰어난 웹 개발용 프로그래밍 언어인 소프트웨어로서 과학적 분석과 머신 러닝 알고리즘의 생성 외에도 사물인터넷 개발에 유용한 도구이다. 다른 프로그래밍보다 배우기가 수월하다는 것이 장점이다. 따라서 사물인터넷 개발이 한창인 요즘은 파이썬에 대한 관심이 더욱 높아지고 있으며, 활용 비중도 갈수록 커져가는 중이다.

객체 기반 프로그래밍인 자바스크립트는 사물인터넷과 모바일 기기에 많은 기여을 하는 다기능을 가진 언어프로그램이다. 대부분의 웹과 모바일 환경이 자바스크립트로 이루어졌기 때문에 자바스크립트에 대한 수요와 위상은 높은 편이다. 이와 같은자바스크립트를 실행하게 하는 엔진은 수학 객체를 필요로 한다. 다음표는 수학 객체의 기본을 표로 나타낸 것이다.

종류	의미	종류	의미
$\text{random}(n)$	0과 1 사이의 난수 생성	$\text{abs}(n)$	n의 절댓값
$\text{ceil}(n)$	n을 올림한 값	$\text{floor}(n)$	n을 내림한 값
$\text{round}(n)$	n을 반올림한 값	$\log(n)$	n의 자연로그의 값
$\sin(n)$	n의 사인값	$\cos(n)$	n의 코사인값
$\tan(n)$	n의 탄젠트값	$\text{sqrt}(n)$	n의 제곱근값
$\max(n, m)$	n과 m 중 큰 수	$\min(n, m)$	n과 m 중 작은 수

(2) 암호화에 사용하는 소인수분해

사물인터넷의 보안을 위해서는 암호화가 중요하다.

RSA 공개키 암호화는 1977년 MIT 학생이던 로널드 라이베스트[Ron Rivest], 아디 샤미르[Adi Shamir], 레너드 애들먼[Leonard Adleman]이 개발한 것이다. '큰 수의

사물인터넷의 가치는 4차산업시대에 더더욱 높아질 것이다.

소인수분해는 매우 어렵다'는 것을 전제로 RSA 공개키 암호화는 시작한다. 6을 소인수분해하면 2×3으로 2와 3이 소인수분해된다. 이것이 눈으로도 해결되는 이유는 그 수가 작기 때문이다.

그러나 456781과 같은 제법 큰 수는 소인수분해하는데 시간이 많이 걸린다. 물론 결과 역시 13×41×857로 복잡하다. 소인수도 13과 41, 857로 세 개다.

이러한 복잡한 소인수분해를 이용하여 사물인터넷의 보안이 확보되는 것을 안다면 소인수분해도 보안을 위한 암호학에서 큰 기여를 한다는 것을 알 수 있다.

웨어러블 전문가

여러분은 첩보 영화에서 안경을 통해 다양한 정보를 얻는 장면을 본 기억이 있을 것이다. 우주인들의 우주복도 최첨단으로 무장한 웨어러블의 일종이다.

IT와 의상, 안경, 시계와의 만남 역시 웨어러블이다. 웨어러블은 첨단 시대의 필수품이며, 종종 우리 곁에 있다. 여러분이 입는 옷에 웨어러블 디바이스를 부착하면 생활의 편리함이 더해지며 상황에 따라 디바이스의 기능을 달리하면 자신에게 필요한 부분을 보충해줄 수도 있다.

웨어러블의 원조는 우주복이다. 따라서 우주복의 기능이 일상생활에 적용되었다. 영국 첩보영화 007에서 선보인 카메라나 특수 기능을 가진 시계도 웨어러블이다. 영화나 애니메이션에서 선보였던 상상력이 지금의 웨어러블의 현실화를 이루고 있으며 다이어트부터 당뇨나 혈압 등 건강관리까지 다양하게 체크하여 스마트폰으로 전달해 건강상태를 그래프나 간단한 도표로 볼 수

심박수, 수면 주기 등을 체크할 수 있는 웨어러블 시계는 현대인의 건강체크에 도움이 된다.

있다는 단계까지 와 있다.

운전을 하거나 자전거를 탈 때 웨어러블 카메라는 360° 촬영을 하여 지나간 거리를 기록한다. 통화가 가능한 웨어러블 블루투스도 있다.

웨어러블은 몸이 불편한 환자의 재활을 돕는 기능도 가능하다. 웨어러블 연구자들의 연구 분야 중에는 무거운 짐을 들게 하는 기능도 있다. 이것이 실현되면 공사장이나 공장과 같은 육체 노동 현장에서 무거운 물건을 직접 들지 않고, 웨어러블을 이용하여 능률적인 작업이 가능해진다. 어쩌면 택배 배달과 같은 분야에선 대단히 환영하게 될 제품이 될 것이다.

웨어러블은 패션과 레저에도 큰 영향을 주게 될 것이다. 웨어러블이 적용된 제품은 패션의 매력과 필요한 기능을 함께 적용해 보다 대중화될 것이다. 또한 운동선수를 위한 맞춤 웨어러블 활용도 전망이 밝다. 운동 회수를 측정하

현재 대중화된 웨어러블 시계. 많은 정보를 담고 있다.

거나 건강상태를 확인할 수 있는 센서 기능이 부착된 직물을 사용한 제품들은 수집된 자료를 테블릿 전송해 선수들의 관리를 더 체계적으로 하게 될 것이다.

  이처럼 수많은 분야에 적용하게 될 웨어러블의 전문가는 센서, 소프트웨어에 대한 이해 등이 필요하며 소비자가 필요한 소구력을 파악하며, 유행과 기능을 함께 고려하는 디자인적 감각도 필요로 한다. 따라서 다양한 분야의 전문가와 협업하며 목적에 맞는 다양한 기능을 수행할 수 있도록 개발되게 될 것이다. 더 이상 추위나 더위에 떨지 않고 질병의 관리가 가능해지며 병원에 그 결과가 전해져 위급 상황을 피할 수 있는 세상이 웨어러블 기능이 활성화된 세상이다.

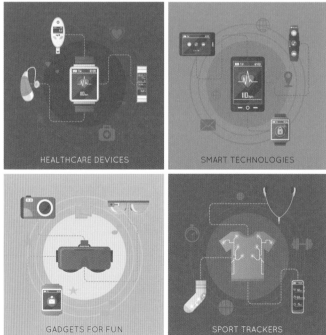

다양한 형태의 웨어러블 제품들.

이처럼 우리 삶을 보다 편리하고 건강하게 바꿀 웨어러블에는 어떤 수학이 적용되고 있을까?

(1) 선형계획법

선형계획법$^{Linear\ Programming}$은 제2차 세계대전 중 영국과 미국이 군사적 전략을 계획할 때 수리적으로 계산한 방법이다.

전함과 잠수함을 어떻게 배치할 것인가? 레이더를 효율적으로 관리하기 위한 방법은? 전투 식량의 보급로를 어떻게 배치하고 수송할 것인가? 등 여러 군사 문제에 대해 많은 해결책을 주었으며, 제2차 세계대전 이후에도 계속된 연구는 선형계획법을 포함한 경영과학$^{Operations\ Research}$으로 발전해 학문 분야가 되었다. 지금도 자원의 배분이나 재고 관리, 품질 관리, 네트워크 관리, 수송 계획, 공장 기계 배치 등에 적용하여 많은 연구를 하고 있는 수리적 방법이다. 영양식단을 계획할 때 선형계획법으로 칼로리와 영양을 고려하여 수학적으로 접근이 가능한 방법이니 일상적으로도 많이 쓰이는 방법 중 하나이다.

또한 선형계획법은 마케팅이나 광고, 공학과 네트워크 관리 등에서 광범위하게 쓰인다. 입지 이론 계획으로 생산 계획을 세울 때 배분 문제와 부품을 적합하게 배열 또는 배치시키는 것에도 쓰이는 유용한 수학 분야이다. 이 선형계획법에는 방정식과 부등식에 대한 이해가 필요하다. 또한 함수처럼 그래프로 그려서 해결하는 방법도 중요하다.

다음 식은 선형계획법의 예를 나타낸 것이다.

$$max \ z = 10x_1 + 6x_2$$

$$s.t \ 5x_1 + 3x_2 \leq 25$$

$$6x_1 + 2x_2 \leq 30$$

$$x_1, x_2 \geq 0$$

선형계획법은 목적함수와 조건제약식으로 구성되어 있다. 맨 첫줄의 식은 목적함수이다. max는 maximum의 약자로 최댓값을 의미한다. 이에 대한 조건제약식은 s.t에 나타낸 식으로 부등식으로 3줄짜리로 구성되어 있다.

조건제약식은 부등식과 방정식이 혼합되어 있는 경우도 있다. 선형계획법의 목표는 최적해를 구하는 것이다. 모든 방정식과 부등식은 최적해를 찾는 것이 목표이다. 심플렉스 해법은 선형계획법을 푸는 방법 중 하나이다.

(2) 델파이 기법 Delphi method

미래의 수요나 유행, 소비 상황들을 예측할 때 사용하는 방법 중 하나가 델파이 기법이다. 델파이 기법은 그리스 신화에 나오는 태양신 아폴로가 미래를 예측하고 통찰, 신탁했다는 델포이 신전에서 유래했다.

전문가들이 한 자리에 모여 분석과 의견을 통해 수행하며 중장기 전략 계획에 맞는 예측기법으로 많이 이용되고 있다. 델파이 기법이 이용되는 흐름은 다음과 같다.

우선 세밀하게 기획된 설문지 조사를 한다. 이때 설문지 조사는 우편이나 전자 메일을 이용한다. 이는 조사 참가자들이 한데 모여 논쟁하지 않고도 합의를 유도할 수 있다는 대안적 조사 방법이기도 하다.

계속해서 의견을 조정하는 관리자가 의견을 수렴하고 피드백의 과정을 거쳐 평균값 및 중앙값으로 결과를 예측하게 된다.

델파이 기법은 전문가다운 다수의 의견이 한 사람의 의견보다 더 정확하다는 계량적 객관의 원리를 이용한 것이다. 토론을 통한 다수의 의견으로 의사결정을 했던 고대 그리스에서 유래한 만큼 소수의 판단을 무시하는 것은 아니지만 다수의 판단이 좀 더 정확하다는 민주적 의사결정 원리의 논리적 근거를 기반으로 하고 있다.

(3) 행렬

숫자를 배치하는 방법에 대해 고민하다가 생긴 수학의 한 분야가 있다. 바로 행렬이다. 행렬의 탄생은 일차변환과 방정식의 해를 구하기 위해 생겨났다. 이는 행렬식으로 발전하여 많은 수학적 해법을 제시하면서 선형대수학에서 문제를 해결의 열쇠와 같은 역할을 하게 되었다.

행렬은 마야 문명에서 처음 발견된 것으로 추정된다. 일본에서는 세키 코와 Seki Kowa라는 수학자가 1683년에 행렬식에 대한 개념을 설명했다. 그러나 이는 행렬보다는 배열에 가까운 식이었다. 가우스와 데카르트도 행렬을 연구했지만 행렬의 표기와 계산법을 포함한 여러 측면에서 지금의 행렬로 부르기에는 무리가 있다.

결국 행렬을 공식화한 것은 수학자 제임스 조지프 실베스터로, 1850년 matrix로 행렬의 용어를 정의하고 논문에 소개했다.

행렬은 그래프 이론, 암호문, 먹이사슬, 네트워크, 데이터베이스에도 적용된다.

여러 분야에서 다양하게 연구되던 행렬은 케일리 헤밀턴의 공식에 의해 진일보하게 된다.

$$
(1\ 2)\qquad
\begin{pmatrix} 8 & \dfrac{1}{2} \\ -7 & 7 \end{pmatrix}
\qquad
\begin{pmatrix} 1 & -1 & 9 \\ 2 & 3 & 5 \\ 6 & 7 & 9 \end{pmatrix}
$$

1×1 행렬   2×2 행렬   3×3 행렬

위에 제시된 행렬을 살펴보자. 괄호 안의 숫자 하나하나를 성분이라고 부른다. 괄호 안의 성분은 최소한 2개이므로 행렬식을 계산하면 결과는 2개 이상의 해가 도출된다.

성분의 변환을 통해 함수의 성질도 설명할 수 있다. 또한 행렬은 직사각형행렬과 정사각형 행렬의 모양이 있는데, 1×2행렬은 직사각행렬이며, 2×2행렬은 정사각행렬이다.

연립일차방정식이 $\begin{cases} 2x - 3y = 7 \\ 5x + 9y = 12 \end{cases}$ 이 있을 때 행렬식을 나타내면 다음과 같다. 이와 같은 형태로 식을 놓고 해를 구한다.

$$
\begin{pmatrix} 2 & -3 \\ 5 & 9 \end{pmatrix}
\begin{pmatrix} x \\ y \end{pmatrix}
=
\begin{pmatrix} 7 \\ 12 \end{pmatrix}
$$

한편 주대각선의 성분이 1이고 나머지 성분이 0인 행렬이 있다. 이것은 단위행렬이며 E로 나타낸다.

$$E = \begin{pmatrix} 1 & 0 \\ 0 & 1 \end{pmatrix}, \; E = \begin{pmatrix} 1 & 0 & 0 \\ 0 & 1 & 0 \\ 0 & 0 & 1 \end{pmatrix}, \; E = \begin{pmatrix} 1 & 0 & 0 & 0 \\ 0 & 1 & 0 & 0 \\ 0 & 0 & 1 & 0 \\ 0 & 0 & 0 & 1 \end{pmatrix}, \; \cdots$$

단위행렬 E는 일차변환을 통해도 행렬의 성분값은 변화가 없다는 특징을 가진다. 단위행렬은 성분의 개수가 많아도 곱셈 연산에서는 결과적으로 성분은 그대로이다. 그리고 더하거나 빼도 행렬의 연산 결과는 그대로이고 곱하면 모든 성분이 0이 되는 영벡터가 있다.

$$O = \begin{pmatrix} 0 & 0 \\ 0 & 0 \end{pmatrix}, \; O = \begin{pmatrix} 0 & 0 & 0 \\ 0 & 0 & 0 \\ 0 & 0 & 0 \end{pmatrix}, \; O = \begin{pmatrix} 0 & 0 & 0 & 0 \\ 0 & 0 & 0 & 0 \\ 0 & 0 & 0 & 0 \\ 0 & 0 & 0 & 0 \end{pmatrix}, \; \cdots$$

행렬의 특이한 점은 교환법칙이 성립하지 않는다는 것이다. $AB \neq BA$인 것이다. 행렬은 웨어러블의 연구성과나 소비 분석에서 이용되며, 웨어러블 부품의 전자기기 회로에도 적용한다.

인공지능 전문가

    인간과 대화가 가능하고 감정을 주고받을 수 있는 컴퓨터는 현재까지는 영화 또는 애니메이션 속에만 가능하다. 이는 아직 시작단계이지만 과학자들은 인간에 가까운 인공지능을 구현하기 위해 많은 연구를 하고 있다.

    인공지능에 관한 연구는 1956년 다트머스의 한 학회에서 시작되었다. 그렇다면 그 무엇보다 전망이 밝은 분야인 인공지능 전문가는 어떤 일을 하게 될

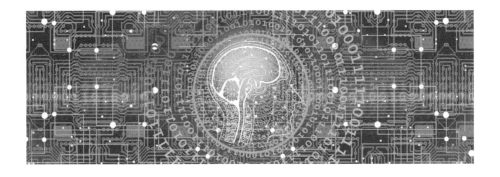

컴퓨터뿐만 아니라 모든 IT 기계는 인공지능 시스템이 도입되고 있다.

까? 인공지능에서 가장 중요한 요소 중 하나는 소프트웨어의 개발이다. 또한 인간처럼 생각하고 말하고 판단할 수 있도록 인공지능을 학습시키기 위해서는 게임, 수학적 증명, 컴퓨터 비전, 음성 인식, 언어 인식, 전문가 시스템, 로봇 공학, 생산자동화 등 다양한 분야를 적용시켜야 하는 토탈 아트에 가까울 정도로 다방면의 지식을 필요로 한다. 때문에 다양한 전문가들과의 협업도 중요한 요소이다.

인공지능이 실현된다면 우리의 삶에는 어떤 변화가 일어날까? 전격Z작전의 키트처럼 운전자를 보호하고 돕는 자동차가 가능해질 것이다. 뿐만 아니라 학문에 인공지능은 큰 역할을 하게 될 것이다.

언제나 인류의 과거를 궁금해하는 우리는 인공지능이 가진 수많은 지식들을 이용해 화석 발굴 작업의 정확도를 획기적으로 높일 수도 있다. 미스테리로 남아 있는 고대어를 해독할 수도 있고 추위에 떨고 있는 사람의 생체리듬을 스캐닝해 집 안의 온도를 올리는 시스템을 만나볼 수도 있다. 고독한 현대인의 말벗이 되어줄 수도 있어 현대인 대부분이 앓고 있다는 우울증 치료에도 이용할 수 있다.

하지만 순기능만큼 역기능도 존재한다. 소프트웨어 개발자가 어떤 철학과 목적을 가지고 프로그램을 개발했느냐에 따라 인공지능의 성격이 달라져 인류를 위협할 수도 있기 때문이다. 이는 과학이 인문학과 협업해야 하는 이유 중 하나이기도 하다.

이제 인공지능에는 어떤 수학적 분야가 적용되었는지 알아보자.

인공지능 전문가는
이러한 것들을 운영한다.

(1) 알고리즘

알고리즘은 문제를 해결하기 위한 일련의 과정이다. 이러한 일련의 과정을 통해 복잡한 수학문제를 포함하여 제어 시스템을 수행하기도 하는데, 인공지능은 어떠한 규칙을 찾는 것 이상의 복잡한 시스템을 파악하여 처리한다. 알고리즘에 사용하는 구성 요소는 다음과 같다.

기호	의미
	순서도의 시작과 끝 기호
	자료의 입출력 처리 기호
	변수의 초기화 및 단계 표시 기호
	선택과 판단 기호
	인쇄 기호
	순서도의 흐름을 표기하는 기호

앞쪽의 구성 요소를 통해 우리는 알고리즘의 흐름을 파악할 수 있다. 다음은 간단한 수학문제에 관한 알고리즘이다.

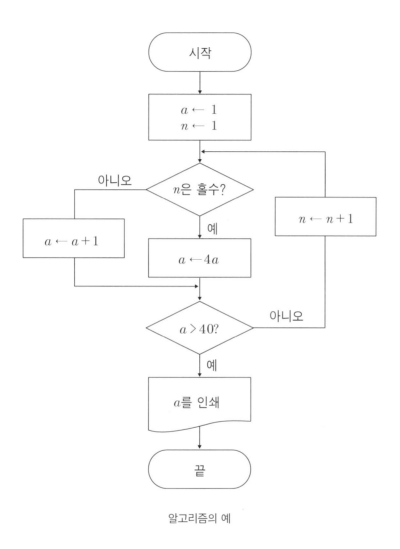

알고리즘의 예

위의 알고리즘에서는 a와 n은 1부터 시작하여 선택과 판단 기호에서 $a > 40$을 만족하면 완료가 된다.

a	1	4	5	20	21	84
n	1	2	3	4	5	-

a가 48이 되어서 완료되는 것을 알 수 있다.

예시된 알고리즘은 이해를 돕기 위해 단순하게 표현한 것으로 인공지능의 알고리즘은 훨씬 복잡한 체계이며, 여러 다중적인 역할을 동시에 수행한다.

(2) 수학의 애매함-퍼지

수학은 a를 넣으면 z라는 결론이 나오는 딱 부러지는 학문이라고 생각하기 쉽다. 이는 틀린 말은 아니다. 왜냐하면 수학은 증명이 논리적이어야 하며 애매한 구석이 없어야 하기 때문이다. 그런데 애매한 부분을 이론적으로 받아들이는 수학 분야가 있다. 바로 퍼지 이론이다. 퍼지는 영어로도 애매하다와 모호하다라는 뜻을 가지고 있다.

전통 논리는 참과 거짓 두 가지만 따진다. 그리고 컴퓨터는 0과 1의 이진수만을 사용한다. 그런데 퍼지는 참과 거짓을 따지기 어려운 것을 받아들이며, 0과 1이 아닌 그 사이의 값을 갖도록 해를 찾는 것이다. 퍼지는 1965년 이란 출신의 자데 교수가 창안한 이론이다.

회사 또는 가족 중에서 안경을 쓴 직원의 수를 구하라면 정확하게 대답할 수 있을 것이다. 이것은 숫자를 셀 수 있으므로 집합이론이다. 그러나 눈이 좋은 직원의 수를 구하라면 기준이 모호하기 때문에 구하는 것은 불가능하다. 하지만 시력에 대해 임의적으로 구분을 지을 수 있다. 그 기준을 세워보는 것이다.

0.1은 시력이 좋은 것은 아니니 점점 그 도수를 올려 0.1 미만(마이너스 시력 포함)은 시력이 매우 안 좋음. 0.1 이상부터 0.5 미만까지는 시력이 좋지 않음, 0.5 이상부터 1.2 미만까지는 시력이 보통, 1.2 이상은 좋은 시력임 등 4등분으로 임의적으로 나누면, 나눈 구간에 속한 시력이 어느 정도 좋은 건지 나쁜 건지 판단하여 가늠해 볼 수도 있다.

수도의 물도 뜨거운 물과 차가운 물만 존재하는 것이 아니다. 미지근한 물도 있다. 이처럼 인간이 느끼는 기준을 인공지능에 적용하는 것도 퍼지 이론의 연구 과정이다.

컴퓨터는 애매모호한 것에 대해 분석과 처리가 어렵다. 퍼지 논리를 적용하면 더욱 복잡하게 되지만 실행되면 정말 인간에게 적합한 이용가치를 보여줄 수 있다. 인공지능에 의해서 로봇을 작동시킬 때 로봇의 다리를 구부리는 것도 몇 개의 등분으로 구분해서 더욱 정교한 동작이 가능해지게 할 수 있다.

따라서 복잡성을 적용하려면 퍼지 이론이 많이 필요하며 공학에 추상적인 개념을 적용함으로써 더욱 미래지향적인 이론이 된다.

핸드폰 카메라가 일반화되면서 우린 쉽게 사진을 찍는다. 그리고 여기 적용되는 자동초점 카메라도 퍼지 논리가 들어간 것이다. 세탁기를 쓸 때 세제의 양을 조절하는 것 또한 퍼지 논리가 들어간다. 철도의 교통 통제와 자율주행 자동차의 제어 장치, 안전장치에도 퍼지 이론이 적용되니 인공지능의 역할을

수행하는데 퍼지 이론의 필요성이 얼마나 중요하며 앞으로 그 필요성이 더 커

질 것임을 알 수 있다.

퍼지 이론이 적용된 가전 제품들.

안드로이드 로봇 공학자

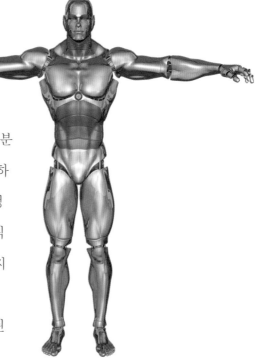

우리의 삶에 안드로이드는 얼마만큼 접근해 있을까? 공장의 시스템은 많은 부분 자동화되어가고 있다. 청소로봇이 청소를 하고 공기 정화도 인공지능을 탑재한 공기청정기가 오염된 공기를 정화한다. 하지만 아직까지는 안드로이드가 인간의 삶을 돕고 있지는 않다.

몸은 기계이지만 인간의 모습으로 제작된 로봇이 안드로이드 로봇^{Android Robot}이다. 안드로이드 로봇은 목적에 따른

과학자들은 보다 인간에 가까운 휴머노이드를 개발하기 위해 끊임없이 연구 중이다.

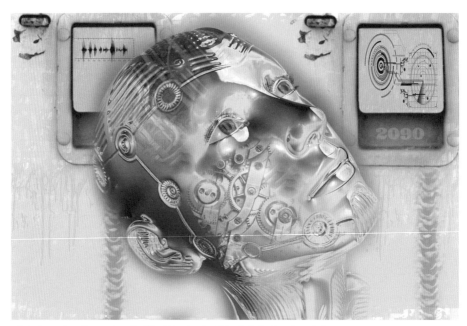

인간이 꿈꾸는 안드로이드의 최종판은 인공두뇌를 가진 휴머노이드이다.

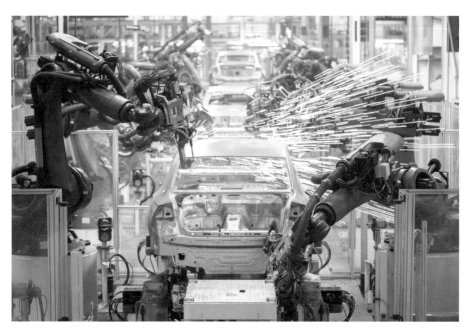

자동화가 상당히 진행된 공장의 작업 모습.

작업 수행을 할 수 있도록 움직임이 가능하며 컴퓨터 작업도 할 수 있게 고안되어 있다. 그리고 가장 인간에 가깝게 인간의 형태를 갖춘 로봇이 휴머노이드 로봇Humanoid Robot으로, 휴머노이드 로봇 역시 프로그래밍화된 명령 작업을 할 수 있다.

휴머노이드 로봇은 아직 영화에서나 볼 수 있지만 안드로이드 로봇은 빠르게 우리 생활에 자리 잡을 것으로 보인다. 지금은 단순작업용으로만 개발되어 공장 등에서 쓰이고 있지만 머지 않아 안드로이드 로봇은 청소를 하고 간단한 음식 조리가 가능하며 아이들을 돌보는 돌보미 서비스와 숙제를 봐줄 수도 있다.

이미 의학 분야에서는 안드로이드 로봇이 활약 중이다. 로봇 수술이 이루어지고 있으며 수많은 자료를 분석할 수 있는 능력이 특화되어 의사들과의 협업이 이루어지기도 한다. 현재도 대형 병원에서 더 정확하고 빠른 수술을 가능하게 함으로써 시간이 생명인 환자들을 위기에서 구하고 있으며, 정확한 수술 효과로 완치율을 높임으로써 긍정적 효과를 이루고 있다. 그리고 이와 같은 능력은 기술이 발달할수록 인류에 더 많은 기여를 할 것이다.

가정부터 산업, 의학 분야까지 다방면에서 활동이 가능한 안드로이드의 수요는 대중화될 수밖에 없는 것이다.

헐리우드에서 대본을 쓰는 작가 안드로이드, 수많은 화가의 작품을 분석하고 해당 작가의 작품과 같은 화풍과 질감을 표현해내는 화가 안드로이드, 그리고 곧 인간 바둑기사와 대국하는 안드로이드 프로기사를 우리는 마주하게 될지도 모른다.

미래 사회를 완전히 변화시킬 안드로이드 로봇의 설계나 제작, 연구하는 직

안드로이드의 한계는 어디까지일까? 그림을 그리는 화가의 역할부터 가사도우미까지 무엇이든 가능할까?

업군은 안드로이드 로봇 공학자이다. 그중에서도 인간에 가깝게 완성되는 휴머노이드 로봇은 대단히 복잡한 프로그래밍과 기계적 설계을 거쳐야 하며 그 자체가 섬세한 기계예술품으로 보면 된다.

인간에 가까운 컴퓨터를 꿈꾸었던 컴퓨터의 아버지 튜링의 실험은 언제 완전히 성공하게 될까? 휴머노이드 로봇 소피아를 통해 그 꿈을 이루기 위한 로봇 공학자들의 노력은 언제 결실을 맺게 될까? 인간처럼 생각하는 인공지능 로봇은 어쩌면 곧 일수도, 아니면 먼 미래일 수도 있다. 다만 한 가지 확실한 것은 언젠가는 사회의 일원으로 일하게 될 것이라는 것이다.

그렇다면 안드로이드 로봇에는 어떤 수학이 숨어 있을까?

안드로이드 로봇에 대한 연구에서는 개인적인 능력과 자질보다도 팀웍Team Work이 매우 중요한 요소로 꼽힌다. 또한 창의성과 상상력도 필요하다. 안드로이드 로봇은 치매 노인이나 중병 환자에 대한 간병 역할, 주부, 위험한 작업 수행 등에도 많은 기여를 할 것으로 보고 있다. 따라서 미래 산업과 직업군으로써 전망이 높은 분야이다. 그리고 기계공학, 전기공학, 전자공학, 메카트로닉스 공학, 컴퓨터 공학의 합작품인 안드로이드 로봇의 세상은 이미 시작되고 있다.

(1) 딥러닝

안드로이드 로봇에 대해 알기 위해서는 요즘 많이 연구되는 딥러닝이 무엇인지 살펴볼 필요가 있다. 딥러닝은 인간의 교육과정을 모방한 기계학습을 말

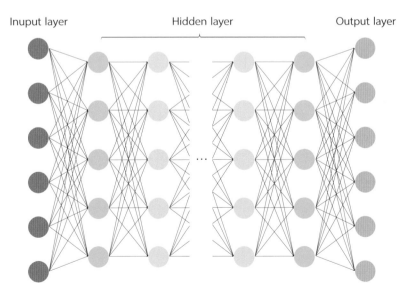

한다. 기계도 인간처럼 교육받아서 스스로 프로그래밍도 할 수 있는 것이다.

방대한 데이터를 컴퓨터에 입력하면 그들의 상호작용에 의해 어떤 사물이나 동물에 대해서 인식할 수 있다. 그래서 빅데이터를 통해 더욱 정확하고 빠른 학습을 실행할 수 있다. 딥러닝은 컴퓨터의 단순한 언어적 기능과 산술적 기능의 향상이 아닌 감각적 능력까지도 학습을 통해 빨리 이행할 수 있기 때문에 앞으로도 각광을 받게 될 분야이다.

스스로 탐색하는 것에 대한 기대감으로 딥러닝의 미래를 예측하기란 그리 어렵지는 않다. 비슷한 유형의 문제에 접했을 때 딥러닝은 새로운 네트워크를 설계할 필요없이 데이터의 변환만으로도 충분히 그 문제를 해결하는 능력이 우수하다.

(2) 이진법

컴퓨터는 0과 1만으로 나타내는 이진법을 문자나 숫자, 영상, 음성, 데이터 등으로 표현한다. 인간은 0에서 9까지의 십진법을 사용하는데 비하면 단순하게 2개의 숫자만으로도 인간이 필요로 하는 것들을 나타낼 수 있는 것이다.

십진법	0	1	2	3	4	5	6	7	8	9	10
이진법	$0_{(2)}$	$1_{(2)}$	$10_{(2)}$	$11_{(2)}$	$100_{(2)}$	$101_{(2)}$	$110_{(2)}$	$111_{(2)}$	$1000_{(2)}$	$1001_{(2)}$	$1010_{(2)}$

컴퓨터는 이진법으로 정보를 저장하며 수백만 개의 온 오프 스위치[On-Off switch]로 구성된 컴퓨터의 중앙처리 장치와 저장 장치 역시 이진법으로 나타내 쉽게 저장한다.

(3) 튜링의 보편적인 만능 기계

엘렌 튜링은 제2차 세계대전에서 영국을 위하여 독일군의 암호인 에니그마를 해독해내 독일군을 패배로 이끈 천재이다. 당시 그가 발명한 콜로서스라는 암호 해독기는 단순한 계산도 효율적으로 빠르게 수행할 수 있어 며칠 걸리는 연산도 단 몇 시간 만에 풀어냈다.

그는 제2차 세계대전이 끝나자 영국 정부를 위해 컴퓨터를 설계했으며 1954년까지 맨체스터 대학의 컴퓨터 연구소에서 일했다. 튜링기계 외에도 인공지능에 관한 논문인

《컴퓨터 기계와 지능》에 컴퓨터가 학습하고, 생각을 할 수 있는지에 대한 아이디어의 출발을 소개하며 튜링 테스트를 제시한 것에서 인공지능에 대한 걸음마를 시작하게 되었다.

인간의 사고력을 지닌 인공지능의 개발이 미래 세계에서는 가능할 것이라는 그의 제안과 이에 따라 자기 계발도 가능한 컴퓨터를 예측한 그의 아이디어가 현대 사회를 만들고 미래사회의 딥러닝의 탄생을 불러오고 있는 것이다.

(4) 코딩

안드로이드 로봇이 인간의 기능과 행동을 할 수 있도록 프로그래밍 언어로 이루어진 것을 코딩이라고 한다. 컴퓨터의 언어인 셈이다. 따라서 안드로이드 로봇이 행동하기 위해서

는 행동을 할 수 있도록 대화가 가능한 언어인 코딩이 필수적이다. 즉 코딩은 코딩화 작업에 의해 명령어들의 집합체가 모여 있다고 말할 수 있다.

(5) 욕조 곡선

모든 제품은 언젠가는 고장이 난다. 현대 사회가 기계화될수록 AS 기능이 중요해지는 것은 당연하다. 그리고 고장은 안드로이드 로봇도 피해갈 수 없다. 고장을 3단계로 분류하면 (1) 초기 (2) 안정기 (3) 마모기가 있다.

초기는 설계나 제조상의 결함, 불량부품의 사용으로 인한 것이 원인이 되는 기간이다. 안정기는 우발적인 변화나 고장 외에는 별다른 고장이 나지 않는 기간이다. 이때는 고장률이 0에 가까울 수 있다. 마모기는 마모와 노화 등으로 고장률이 증가하는 기간이다.

다음 그래프는 이에 대한 3가지 기간을 나타내어 함수 그래프로 그린 것으로 U자형, 곧 욕조 모양과 비슷하여 욕조 곡선으로 부른다.

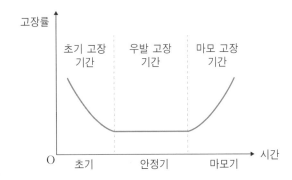

함수의 그래프를 보면 시간이 경과함에 따라 고장률의 변화를 알 수 있다. 전자제품의 고장과 AS는 필수인 만큼 안드로이드 로봇 역시 이를 잘 예측해야 하며 이 과정을 예측하고 계산하기 위해 수학적 계산이 필요하다. 따라서 욕조 곡선도 안드로이드 로봇의 설계 및 제조에서 수학적으로 유용하게 사용하는 수학 중 하나이다.

첨단 서비스 전문가

드론 조종사
화이트 햇 해커
자율주행 자동차 엔지니어
3D 프린팅 운영 전문가
디지털 포렌식 전문가

드론 조종사

 이미 20세 초반에 처음 등장한 드론은 미래 성장의 원동력이 되는 산업 중에서도 각광 받는 분야이다.

 공군의 미사일 폭격 연습용으로 개발되었던 드론^{Drone}은 정찰기로 범위를 넓힌 후 본격적으로 군사용으로 개발되었다. 무선으로 조종할 수 있고 어디든 갈 수 있는 기동력이 특징이자 장점인 드론은 영상촬영, 배달, 감시와 관찰이 필요한 분야까지 수많은 곳에서 그 가능성을 확인하게 되면서 미래 직업으로 손꼽히게 되었다.

 하지만 산업스파이, 군사적 목적 등의 위험성 때문에 누구나 드론을 이용하거나 활용할 수는 없다. 드론 촬영이 불가한 지역도 있으며 관할 지방항공청장에게 신고 후 조종할 수 있도록 법이 제정되어 있다.

 드론 조종사는 항공법규와 항공 기상, 항공 역학, 비행 운영에 대한 이론 등

여러 가지 이해와 지식을 필수로 하
는 자격증을 갖추고 있어야 한다.

드론 조종사는 시험을 통해 드론의
비행 전 절차와 이륙과 상승, 공중 조
작, 착륙 조작, 비행 후 점검에 대한
비행 조작 능력 등을 점검받게 된다.

다양한 항공컨트롤 기계들.

현재 드론이 가장 많이 이용되는
분야는 영화나 미디어 분야의 촬영이다. 뿐만 아니라 환경에 따라 방제 산업
에 필요한 인력을 드론으로 대체하는 방안과 계획도 점점 늘어나고 있다.

2020년부터는 택배 드론과 무인항공수송으로 확대될 예정이며, 산악과 해
양의 인명구조와 쓰레기 무단투기의 환경감시, 방송, 군사용, 경찰용, 소방용,
응급용, 해양순찰용, 계측용 등으로도 쓰임이 넓어질 예정이다. 뿐만 아니라
GPS 정보를 기반으로 교통정보를 관리하는 순기능에도 드론은 중요한 위치

드론을 이용해 교통상황을 바로바로 확인해 교통체증에 대비할 수도 있다.

를 가지게 되었다. 따라서 높아지는 활용도 만큼 많은 연구가 필요한 분야이다.

이처럼 드론의 활용이 많아지면 많아질수록 동시에 중요해지는 것은 드론 길을 설계하고 교통을 통제하는 프로그래머의 역할이다. 드론 조종사만으로 드론이 움직이는 것이 아니라 그 목적에 따라 드론을 통제하고 다양하게 사용 되는 수많은 드론들 사이에서 일어날 사고를 방지할 수 있는 프로그램들이 개 발되어야 하기 때문이다.

4차산업 시대의 유망 직종들은 그 직종들이 활용될 수 있는 프로그램들이 항상 함께 해야 하므로 프로그래머의 역할은 커져만 가게 될 것이다.

이와 같은 드론에는 어떤 수학이 적용될까?

드론은 공간의 이동을 기본으로 한다. 즉 드론이 움직이는 3차원 세계의 위 치는 정지되었든 움직이든 간에 공간좌표로 나타낼 수 있다. 이러한 움직인

드론으로 촬영한 이미지.

거리를 나타낼 수 있는 것으로는 벡터가 있다. 그리고 드론의 움직임은 직선 또는 곡선을 띠게 되는데 드론길을 만들기 위해서는 이와 같은 드론의 움직임을 계산할 수 있어야 하고 이는 방정식으로 나타낼 수 있다. 또한 드론의 순간 속도에 관한 것은 미분으로 알아낼 수도 있다.

(1) 벡터

여러분은 서 있는 위치를 좌표평면이나 공간좌표에 나타낼 수 있다. 지구의 중심에서 위도와 경도를 이용해 정확한 위치도 나타낼 수 있다. 이에 대한 기준으로는 공간좌표가 있다.

먼저 드론의 움직임을 떠올려보자. 앞, 뒤 , 상, 하, 좌, 우의 6방향을 떠올려야 한다. 이 6방향은 x축, y축, z축을 떠올리면 된다. 그리고 공간좌표를 이용해 6방향을 나타낸다.

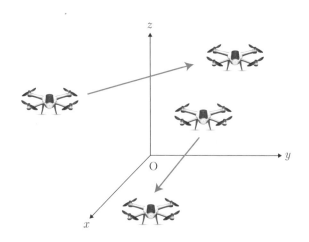

두 점을 A, B로 정하여 $A(x_1, y_1, z_1)$과 $B(x_2, y_2, z_2)$ 사이의 거리는 피타고라스의 정리를 이용하여 구할 수 있다.

$$\overline{AB} = \sqrt{(x_2 - x_1)^2 + (y_2 - y_1)^2 + (z_2 - z_1)^2}$$

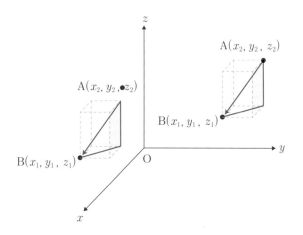

(2) 보로노이 다이어그램

드론을 조종하다 보면 장애물을 피해야 할 경우가 많이 발생한다. 이러한 경로를 구상하여 효과적으로 위험을 줄이면서 조종하기 위하여 사용되는 것이 보로노이 다이어그램이다.

1868년 우크라이나 출신의 러시아 수학자 조지 보로노이[George Voronoy, 1868~1908]가 발견한 보로노이 다이어그램은 무려 150년이 넘은 수학이론임에도 수학에서 다양하게 이용되고 있다.

이제 보로노이 다이어그램이 드론에서 어떻게 이용되는지 확인해보자.

꼭짓점을 피해서 드론의 경로를 정할 때 다음처럼 시뮬레이션된다. 즉, 점과 점 사이의 수직이등분선에 관한 간단한 작도방법을 이용해서도 구상할 수 있는 것이다.

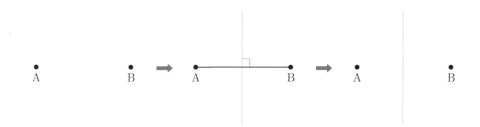

윗 그림처럼 두 점 A, B가 있을 때 두 점 사이의 수직이등분선을 그린 후 그 선분만 남기면 보로노이 다이어그램이 완성된다.

오른쪽 그림은 3개의 점 사이의 수직이등분선을 그린 후 선분만 남겨 보로노이 다이

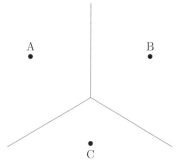

어그램을 완성한 것이다.

이처럼 방법만 알고 있으면 시간을 좀 더 투자하는 것만으로 다음처럼 27개의 점이 있더라도 드론길을 완성할 수 있다.

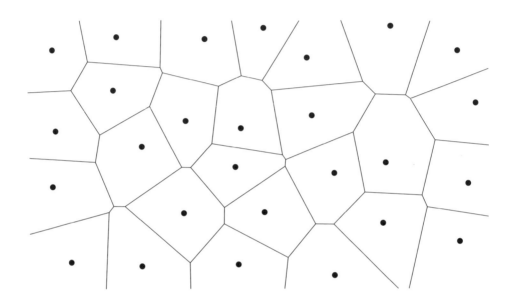

전체적인 모양은 꼭 세포 같은 느낌이 들 것이다.

보로노이 다이어그램은 드론뿐만 아니라 자율주행 자동차에도 적용된다. 또한 로봇의 장애물 방지 시스템에도 적용되는 훌륭한 이론이다.

자연에서 발견하는 보로노이 다이어그램으로는 잠자리의 날개와 기린의 무늬가 있다. 이 무늬들은 패턴을 이룬다.

2008년 베이징 올림픽에서 수영 경기를 치룬 워터큐브의 멋진 외관도 보로노이 다이어그램의 아이디어로 설계된 것이다.

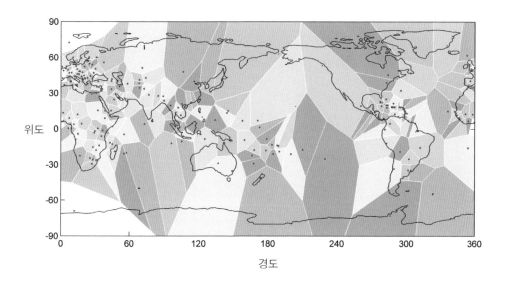

보로노이 다이어그램으로 이미지화한 전 세계의 수도.

화이트 햇 해커

해커^{hacker}하면 여러분은 남의 PC 또는 스마트폰에 몰래 침입하여 정보를 빼내가는 악당을 떠올릴지도 모른다. 그런데 사실 해커는 컴퓨터 프로그래밍의 우수한 기술자를 의미한다. 선의의 역할을 한다면 상당한 자존감과 비전도 있는 보안 연구자이기도 하다. 스티븐 잡스와 빌 게이츠도 해커 출신이다.

남의 정보를 악의로 빼가는 악당은 크래커^{cracker}로 부르며 이들에 대한 대비로 전세계의 국가들은 해커들을 키우고 있다. 그리고 그 숫자를 더 늘려야 한다는 목소리가 커지고 있다. 이에 대한 대비로 화이트 햇 해커의 교육 프로그램도 생겨났다.

화이트 햇 해커는 PC 보안에 많은 기여를 하며, 해킹을 당했을 때 정보를 복구하는 역할도 한다.

인터넷으로 연결된 현대 사회에 크게 기여하는 화이트 햇 해커의 어원은 고

인터넷 시대가 되면서 범죄는 더 고도화, 지능화되고 있다.

전 서부 영화에서 정의의 주인공이 하얀 모자를 쓰고 나오는데서 유래한다.

화이트 햇 해커는 끊임없는 자기 개발이 중요하며 새로운 것과 사회에 대한 냉철한 판단력 그리고 이에 대해 많은 연구를 해야 한다. 이들은 거대한 인터넷 사회에서 네트워크의 취약점을 신속히 파악하고, 시스템을 침투 당했을 때 해결하고 잠재적인 위협도 동시에 예측하고 예방하는 실력도 갖추어야 한다. 더불어 강력한 보안 프로그램도 구축해야 한다.

이제 화이트 햇 해커의 세계에 필요한 수학을 알아보자.

인터넷 범죄는 전 세계를 무대로 한다. 이를 예방하기 위한 전문가 육성의 필요성은 모든 국가가 인정하고 있다.

불 대수와 벤 다이어그램

영국의 수학자 조지 불$^{George\ Boole,\ 1815\sim1864}$는 컴퓨터 과학에서 알아야 할 논리학에서 항상 나타나는 불 대수를 창안했다. 불 대수는 1854년에 발표한 논문 〈논리와 확률의 수학 이론에 기반한 사고 법칙에 관한 연구〉에 담겨 있다. 불 대수는 정보이론과 확률론과 집합에도 사용되는 폭넓은 수학의 체계로 참 또는 거짓을 나타내며 0과 1의 두 숫자를 사용했다. 또 논리 기호를 사용하여 정형화했다. 불대수 이론은 그로 인해 컴퓨터의 설계와 전화 교환기 시스템에서도 이용되고 있다.

기본적 논리함수는 논리합, 논리곱, 부정의 세 개가 있다. 그리고 다음 도표는 이에 대한 간단한 논리함수를 수학적 기호로 나타낸 것이다.

A	B	A+B	$A \cdot B$	$\overline{A}$	$\overline{B}$	$\overline{A+B}$	$\overline{A \cdot B}$	$\overline{A} \cdot \overline{B}$	$\overline{A}+\overline{B}$
0	0	0	0	1	1	1	1	1	1
0	1	1	0	1	0	0	0	1	1
1	0	1	0	0	1	0	0	1	1
1	1	1	1	0	0	0	0	0	0

이와 같은 불 대수를 이해하기 쉽게 그림으로 설명한 수학자가 영국의 존 벤$^{John Venn, 1834\sim1923}$이다. 벤은 1880년 벤 다이어그램을 제안해 논리학과 집합에 관한 문제에서 획기적인 풀이와 간략한 증명 방법에도 기여했다. 또한 명제를 시각화한 것도 커다란 의의로 꼽힌다.

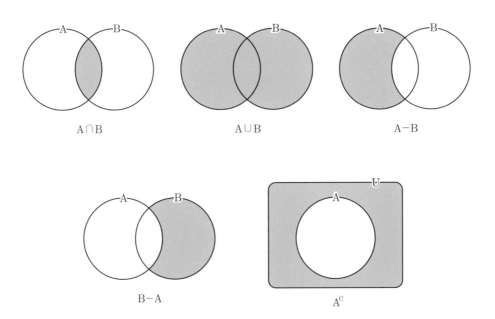

벤 다이어그램의 여러 가지 기호와 그림

자율주행 자동차 엔지니어

더 이상 사람이 운전하지 않는 자동차, 〈전격 Z작전〉의 키트와 같은 자동차가 거리를 다니는 세계를 여러분은 상상해본 적이 있는가?

현재 우리는 앞 차와의 거리를 유지하고 스스로 주차할 수 있는 차들은 만나볼 수 있다. 보통 운전자의 조작 없이 스스로 상황을 파악하고 인지하여 주행하는 자동차를 자율주행 자동차라 한다. 첨단 과학기술의 종합적 집체로서의 인공지능 자동차는 현재의 위치나 장애물, 목적지, 신호 등에 대해 인지하고 제어하는 시스템을 가진다.

여러 선진국에서는 운전자 없이 주행하는 무인 택시나 버스를 연구하고 있으며 앞으로의 사회는 이런 교통수단들이 운행될 것이다. 35년 전 미국 드라마에서 주인공을 위해 동분서주하던 〈전격 Z작전〉의 인공지능 자동차 키트를 우리 인류는 꿈꾸고 있는 것이다. 이를 위해 구글에서는 2012년 자체 개발한

4차산업 시대는 모든 교통 상황은 통제되며 사람은 더 이상 운전하지 않는 자율주행 5단계가 실현될 것이다.

무인자동차의 운전면허증을 교통부로부터 발급받은 바 있다. 그리고 아랍에 미리트에서는 자율운항택시$^{\text{AAT: Autonomous Air Taxi}}$의 시험 비행이 성공했다.

세계는 2025년경이 되면 무인 택시가 도심에 등장하기 시작할 것이라고 예견하고 있다. 이에 따라 소음과 공해 방지, 교통사고 또는 체증의 감소, 교통 비용 감소의 효과를 보게 될 것이라는 것이 학계의 전망이다.

자율주행은 다음의 5단계에 따라 진행되고 있다.

레벨 0	운전자가 모든 조작을 직접하는 단계. 자율주행기능은 없다.
레벨 1	자동 브레이크와 자동 속도 조절 중 한가지 기능을 할 수 있다.
레벨 2	2가지 이상의 자동 기능이 동시에 작동할 수 있다. 차선이탈에 관한 경보, 차선 유지 지원, 후측방 경보 시스템 등이 있다. 그러나 운전자의 상시적인 감시가 있어야 한다.
레벨 3	특정한 교통조건에서 자율주행이 가능하다. 특별한 경우 운전자가 개입한다.
레벨 4	정해진 도로는 자율주행이 가능하지만 그 외에는 운전자의 감시와 개입이 필요하다.
레벨 5	완전 자율주행이며 운전자의 개입이 전혀 없다.

현재의 상태는 레벨 3에서 4단계로 넘어가는 중이다. 이 단계는 주정차도 인공지능에 의해 스스로 가능하며, 5G의 기능을 이용해 빠른 데이터의 송수신으로 자율주행관제가 작동하여 안전하게 주행이 실현된다.

이처럼 모든 것이 통제되는 자율주행 자동차 역시 토탈과학의 집대성이라고 볼 수 있다. 따라서 운전자 없이 주행하는 자동차를 만드는 자율주행 자동차 엔지니어는 자율주행 자동차의 핵심이 안전 주행인 만큼 설계에서 정비까지 모든 일을 고루 할 수 있도록 조건을 갖추어야 한다. 또한 사물인터넷과도 연관성이 높은 산업이므로 스마트폰 또는 태블릿 PC와 함께 모든 사물을 제어할 수 있는 지식과 능력도 갖추어야 한다.

그렇다면 자율주행 자동차에는 어떤 수학이 숨어 있을까?

(1) 벡터

연필의 길이를 쟀더니 20cm이다.

추의 무게를 쟀더니 35g이다.

책상 위에 놓인 수첩의 넓이는 20cm²이다.

위의 세 개의 문장은 각각 길이, 질량, 넓이를 나타낸 문장이다. 측량할 수 있는 단위에 대한 변량을 스칼라라고 한다. 스칼라는 크기만을 갖는다. 스칼라에 방향을 더해 나타낸 것을 벡터라 한다. 벡터는 시점인 점 A와 종점인 점 B가 있으며 이를 나타내면 오른쪽과 같다.

점의 방향을 본다면 북서쪽에서 남동쪽으로 이동하는 것을 알 수 있다. 벡터는 스칼라와 달리 방향을 나타내는 선분이며 점 A에서 점 B로 이동한 것을 $\overrightarrow{AB}$ 또는 $\vec{a}$ 로 나타낸다. 벡터의 크기는 화살표의 길이이며 $|\vec{a}|$ 로 나타낸다. 두 벡터의 곱을 스칼라곱의 결과값으로만 나타낸 것을 내적, 3차원 벡터의 곱으로 나타

내어 방향까지 나타낸 것을 외적이라고 한다. 벡터는 자율주행 자동차 엔지니어의 자동차 설계 시 안전성과 주행 성능 개발에 필요한 수학 분야이다.

(2) 관리도

병원에서는 환자의 건강을 관리하고 위급한 상황을 대비해서 바이탈 사인으로 환자의 상태를 확인하고 진료한다. 즉 바이탈 사인으로 인체의 활동이 정상인지를 확인하게 된다. 이와 비슷한 것으로는 제품의 생산을 정

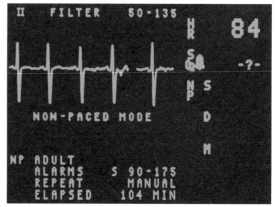
바이탈 사인.

상적으로 관리하는데 필요한 관리도라는 것이 있다.

관리도는 제품의 생산에서 품질 상태를 그림을 나타낸 것으로 공정 관리에서 나왔지만 수학에서 출발한 분야로, 1924년 슈와르츠[Swarts]가 정규분포의 그림에서 제안한 이래 지금도 다양하게 연구되고 있다.

생산된 제품은 노란색 부분에 속한 정규분포 안에 포함되어야 합격이다. 따라서 노란색 부분을 벗어나 파란색 부분에 해당하면 불합격이 된다. 그런데 경우에 따라 노란색 부분에 해당하는 제품이 파란색 부분에 속할 때가 있다. 이때는 1종 과오로 정상임에도 불합격인 예이다. 반대로 불합격인데 정상으로 되는 아주 좋지 않은 상황도 있다. 이를 제2종과오라 한다. 이것은 작업자

의 부주의로 일어나는 경우의 예이다.

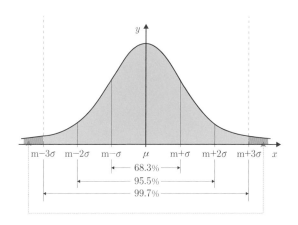

4차 산업에서는 공학적이나 수학적 목표가 제1종 과오나 제2종 과오를 줄이며 평균의 규격에 맞는, 오차가 지극히 작아지는 생산 목표를 갖는 것이다. 불량품을 생산하지 않기 위한 계산에 생산과 품질을 나타내는 수학이 적용되는 이유가 여기에 있다.

아래는 표준규격이 10mm이고, 허용오차가 0.3mm인 제품의 관리도를 그린 것이다. 표준규격은 평균으로 이상치이다.

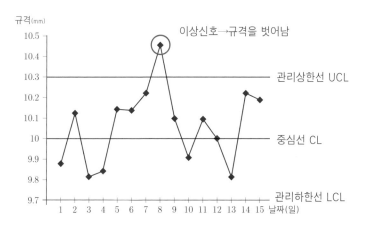

이 규격대로 생산된다면 완벽한 100%의 양산 생산이지만 실제로는 거의 불가능하며 약간의 오차가 발생한다. 관리도를 살펴보면 15일 동안 관찰했을 때 8일째 생산날짜에서 이상이 발견된 것을 알 수 있다.

관리상한선과 관리하한선은 정규분포표의 3σ와 -3σ에 해당한다. 이 범위를 벗어나면 불량품이 발생했다고 해석한다.

이처럼 관리도는 수학을 응용하여 공학에 이르기까지 여러 분야에 쓰이고 있다. 날씨에 관한 도표도 관리도의 하나가 될 수 있다. 이상 기온에 대한 확인과 미래 대안을 제시할 수 있기 때문이다.

또한 관리도는 그래프 해석학에도 널리 사용한다.

3D 프린팅 운영 전문가

아이언맨의 슈트가 갖고 싶다면 여러분은 어떻게 할 것인가? 통장을 확인하고 아이언맨 슈트를 진열한 곳으로 가서 카드를 긁는 것이 우리가 지금 알고 있는 방법이다. 그런데 직접 집에서 아이언맨 슈트를 제작할 수 있다면?

방법은 있다. 3D 프린팅을 구입하고 직접 만드는 것이다. 3D 프린팅 기술은 30여 년 전에 이미 개발되었고, 지금도 급속도로 발전하고 있다. 3D 프린팅은 피규어를 비롯해 의료, 건축, 게임 등에 많이 이용하고 있으며 미래에는 집도 3D 프린팅으로 가능할 거라고 한다. 그렇게 된다면 일대 혁명이 일어날지도 모른다. 그리고 현실에서 아이언맨 슈트를 만들어낸 사람도 있다.

하지만 이와 같은 정교한 제품을 만들기 위해서는 설계도와 3D 프린터를 제대로 이해하고 이용할 수 있는 기술이 필요하다. 목적에 맞는 설계와 재료의 사용, 그리고 현실화를 위해서는 그만큼 전문가의 능력이 요구되는 것이

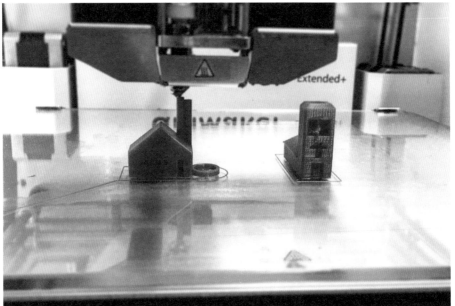

다양한 형태의 3D 프린터.

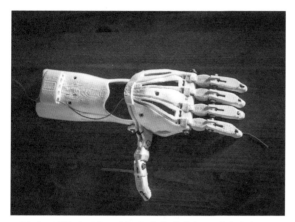

프린터로 만들 수 있는 것은 우리의 상상력 그 이상이다.

다. 이와 같은 능력을 가진 사람을 우리는 3D 프린팅 운영 전문가라고 부른다.

수학적 해석학과 컴퓨터의 결합의 대표적인 분야인 3D 프린터는 사용 범위가 다변화되고 실생활 활용까지 가능해지고 있는 만큼 매우 정교한 능력을 요구하기에 3D 프린팅 운영 전문가는 설계과정과 기자재를 능숙히 다루는 스킬을 가져야 하며 따라서 수학에 대한 이해를 필수로 한다.

현재도 3D 프린팅은 공업의 주조, 용접, 금형 같은 제조 분야에 매우 많이 적용되기에 우리나라에서는 매우 중요도가 높은 기술이다. 2000년대부터 국내는 활발하게 연구가 되고 있으며 제조 과정에서 많은 시간이 걸린다는 문제를 해결하기 위해 시간감축 연구도 진행되고 있다.

그렇다면 3D 프린터에는 어떤 수학이 응용되고 있을까?

(1) 도형

3D 프린터는 3차원 작업이다. 따라서 설계도는 3차원 작업 즉 입체도형 작업으로 이루어진다. 그래픽 작업 시 이에 대한 이해가 그만큼 필요한 것이다.

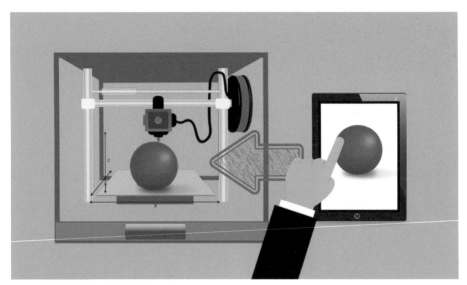

3D 프린터의 원리를 이미지화한 모습.

0차원은 점, 1차원은 선, 2차원은 면, 3차원은 입체도형을 말한다. 3D는 입체도형을 의미하는데, 이 입체도형 중 다음의 5가지 정다면체는 매우 중요하다.

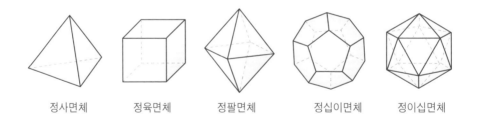

| 정사면체 | 정육면체 | 정팔면체 | 정십이면체 | 정이십면체 |

3D 프린팅 분야에서는 3D로 구현하기 쉬운 위의 5가지 다면체를 스마트폰으로 스캐닝해서 3D 프린터에 전송하면 입체 도형 그대로 구현할 수 있다. 따라서 3차원 제품에 대해서 구체적 파일을 저장하여 전송하여 간단히 사용할 수 있다.

깎은 정사면체

육팔면체

깎은 정육면체

깎은 정팔면체

부풀린 육팔면체

부풀려 깎은 육팔면체

다듬은 육팔면체

십이이십면체

깎은 정십이면체

깎은 정이십면체

부풀린 십이이십면체

부풀려 깎은 십이이십면체

다듬은 십이이십면체

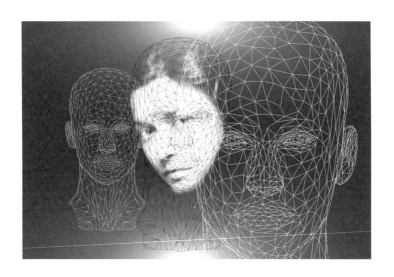

아르키메데스의 다면체는 정다면체를 깍은 다면체로 2개 이상의 도형으로 이루어져 있다. 수학과 예술 분야에서 흔히 볼 수 있는 다면체로 준정다면체라고도 한다.

3D 프린팅의 구현에 필요한 파일로는 STL 파일이 있다. STL 파일은 3D 시스템즈가 1987년에 개발한 스테레오리소그래피 CAD 소프트웨어의 파일 포맷이다. 위의 이미지를 살펴보면 삼각형 모양으로 절삭하듯이 표면을 나타낸 모습이 보일 것이다. 이것이 STL 파일을 활용한 예이다.

(2) 미분학과 적분학

미적분은 뉴턴과 라이프니츠가 발견한 수학 분야이다. 수학의 꽃이라는 별칭도 있다. 이 미적분학 중 구분구적법을 이용하여 3D 프린팅의 제작물을 완성한다.

　3D 형태의 이미지를 미분하듯이 수만 개 혹은 수십만 개 이상으로 잘게 잘라 얇은 레이어로 나눈 후 차곡차곡 쌓아 올리는 적분의 과정을 거치는 데 이것이 구분구적법의 원리와 같다.

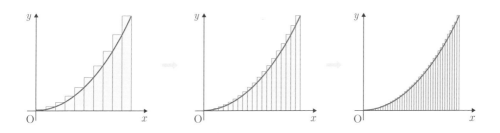

　위의 그래프에서 알 수 있듯이 아주 잘게 미분하여 세분화한 후 적분하면 오차가 거의 없는 정확한 넓이에 가까워진다. 이를 이용하는 3D 프린팅 방법은 다음과 같다.

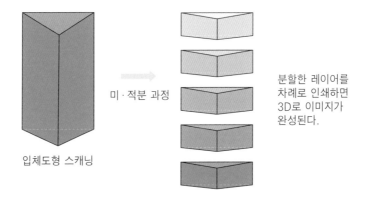

입체도형 스캐닝

미·적분 과정

분할한 레이어를 차례로 인쇄하면 3D로 이미지가 완성된다.

　3D 프린터에 대해 간단하게 살펴본 것만으로도 우리가 알고 있는 수학이 4차산업 시대를 어떻게 바꾸고 있는지 어림짐작할 수 있다.

디지털 포렌식 전문가

포렌식은 영어로 Forensic으로 법의학적인이라는 의미를 가지고 있다. 과학수사에서 범인에 대한 증거는 지문이나 혈흔, 머리카락 등 증거를 찾아 수사를 시작한다. 현장에서 남긴 것으로 사건 현장의 범인의 동태와 범죄 정황을 파악하는 것이다.

이에 비해 디지털 포렌식은 스마트폰과 컴퓨터, CCTV 같은 디지털 기기에 기록된 정보를 분석하여 범죄 증거를 찾는 수사기법이다. 디지털 포렌식은 증거가 없는 사건에서도 핸드폰이나 텔레비전 등 가전제품의 사용을 통해 결정적이고 중대한 증거를 찾아낼 수 있어 그 중요성이 점점 커지고 있다.

따라서 디지털 포렌식 전문가는 스마트폰과 컴퓨터, CCTV 같은 각종 데이터의 기록을 통해 범죄의 증거를 조사하여 복구 및 분석하여 법적인 증거자료를 인정받도록 법률적으로 지원하는 업무를 맡는 전문가를 뜻한다.

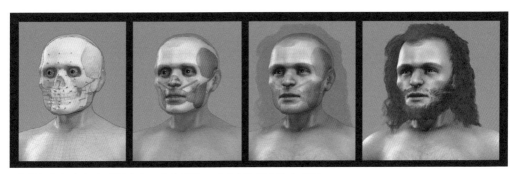

뼈대에 여러 가지 정보를 넣어 그린 초상화로 피해자를 특정할 수 있다.

스마트폰의 통화내역이나 동영상, 전화번호, 카톡 기록, 인터넷 검색 기록 등을 복원함으로 사건 경위를 알아내는 것도 디지털 포렌식 전문가의 영역이다.

그렇다면 디지털 포렌식 전문가는 어떻게 될 수 있을까?

그리고 디지털 포렌식 전문가의 영역은 범죄수사만일까? 갈수록 사이버범죄를 비롯해 지능적 범죄가 이루어지고 있는 요즘 수사관과 검찰청 소속 검사, 사이버 수사대 경찰들도 디지털 포렌식 조사에 대한 중요성을 인식하고 있으며 현재

물에 빠지거나 부서진 스마트폰도 복구해서 중요한 증거를 찾아낼 수 있다.

포렌식 센터에서 업무지원과 교육을 맡고 있다.

또 아직은 법의학 쪽에 국한되어 있지만 산업스파이를 비롯해 사이버 범죄의 범위가 넓어짐에 따라 일반인도 필요성을 인식하게 되

사이버 세계의 범죄를 쫓는 일 역시 디지털 포렌식 전문가의 영역이다.

면서 디지털 포렌식 전문가의 영역은 넓어질 수밖에 없다. 인터넷 상에 원치 않는 기록 등을 찾고 제거하는 역할도 가능하기 때문이다. 따라서 어떤 아이디어를 가지고 어떤 분야에서 일할지는 전문가의 마음이다. 어쩌면 블루오션의 영역일 수도 있는 것이다.

그렇다면 디지털 포렌식 분야에서는 어떤 수학을 필요로 할까?

(1) 편미분 방정식

CCTV에 찍힌 저화질의 영상 화질 개선에 편미분 방정식을 사용한다. 편미분 방정식을 이용하여 인페인팅inpainting이라는 복원 영상을 위한 방법을 사용한다. 범인의 윤곽이나 모습이 정확하지 않아서 문제점이 발생하면 여지없이 편미분 방정식을 기반으로 한 인페인팅 방법이 쓰이는 것이다. 편미분 방정식은 다음 4개의 방정식과 병행하여 적용된다.

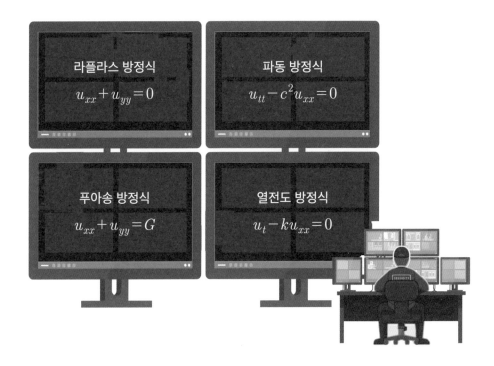

편미분 방정식에서 많이 적용하는 방정식.

따라서 편미분 방정식은 해법이 상당히 난해하지만 디지털 영상 분야에 응용이 되는 만큼 매우 유용하다. 매스매티카 같은 프로그램은 복잡한 편미분 방정식을 시각화하고 빠른 시간 내에 해결하도록 지원한다.

(2) 해시값

범행에 사용된 증거물이 조작된 것인지 아니면 증거물로 가치를 지닐지에

대해 알아내기 위해서는 해시값을 비교한다. 즉 해시값이 다르면 조작된 것이기 때문에 해시값 판단이 중요하다.

인터넷에 배포된 파일이 간혹 의심스러울 때가 있을 것이다. 누군가에 의해서 무작위로 배포되었을 때, 해시값을 통해 원본 파일인지 위조 파일인지를 알 수 있다. 해시값은 고유값이기 때문이다. 일종의 지문과도 같다.

해시값은 해시 함수를 통해 그 값을 산출하는데, 해시값이 부여되면 파일의 고유값을 가지게 된다.

그리고 저장 데이터의 용량이 1비트만 차이가 나도 해시값이 다르므로 매우 민감하다는 것도 알 수 있다.

00	
01	A
02	
03	
04	B
05	
06	
07	C

(3) 노모그램

노모그램이란 수치의 계산을 간편하고도 효율적으로 할 수 있게 만든 도표를 말한다. 셈그림표 또는 계산도표라고도 부른다. 환자에 관한 임상정보를 분석하여 만든 수식적인 임상 의료예측 지식을 그래픽으로 표현한 노모그램도 있다.

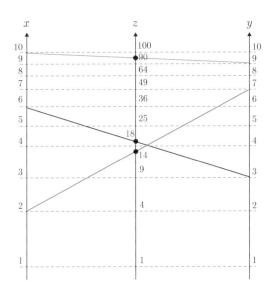

공선도표를 이용하여 곱하기를 하는 노모그램의 예.

x축과 y축 위에 기재된 숫자는 로그의 눈금 값을 따른다. 위의 노모그램에서 x축, y축, z축 위에 숫자를 보면 x축의 숫자와 y축의 숫자를 곱하면 z축의 숫자가 결과값인 것을 알 수 있다. 이에 따라 $2 \times 7 = 14$, $6 \times 3 = 18$, $10 \times 9 = 90$이 된다. 그리고 3차원 공간좌표가 아닌 2차원 평면에 한하여 그래프를 그린 것 또한 알 수 있다.

엔터테인먼트와
의료 전문가

개인 미디어 콘텐츠 제작자   의사
스마트팜 전문가   셰프
상담심리 전문가   패션 디자이너
건축사   플로리스트
간호사

개인 미디어 콘텐츠 제작자

현재 전 세계에서 가장 핫한 분야는 어디일까? 미래 사회에서 더 커질 수 있는 직업은 어떤 것일까? 청소년들이 꿈을 꾸는 직업의 상위권에 올라 있는 직업 분야가 어디일까? 이 정도면 여러분도 눈치챘을 것이다.

현재 떠오르는 분야이며 블루칩으로 여기지는 곳이 바로 유튜브를 비롯한 개인 미디어 방송이다!

개인 미디어 콘텐츠는 처음에는 인터넷 방송을 하는 하나의 취미로만 여겨졌다. 그렇지만 아프리카 TV나 다음 티비팟에서 활동한 비제이[BJ: Broadcasting Jockey]들이 시청자와 의견을 공유하면서 하나의 직업으로 급격히 떠오르게 된다.

유튜브는 2008년에 동영상 공유 플랫폼을 시작했다. 누구나 간단하게 촬영한 것을 올려 사회 구성원들과 서로 공감대를 형성하는 형태였다. 인기의 척

유튜브에 소개되는 콘텐츠 소재는 무궁무진하다.

도가 되는 조회수는 고부가가치 산업이 되면서 자극을 극대화하는 콘텐츠에 몰두하는 유튜버들도 생겨났다. 자본의 논리 앞에 도덕성이 무너지거나 선정적이거나 타인의 저작권을 무시하는 불법도 함께 발생했다. 이는 시청하는 개인뿐만 아니라 사회의 규범을 무시하고 해칠 수 있기 때문에 공영방송과는 달리 1인 미디어들이 조회수로 수익만 올리려는 것이 최고는 아니라는 것을 인식하고 규제할 수 있는 대책마련이 시급해지게 되었다. 외로운 현대인들의 공감대 형성이라는 순기능과 도덕적 해이를 불러오는 역기능이 동시에 발생하게 된 것이다. 하지만 개인 미디어 콘텐츠는 더 큰 발전을 하고 있고 미래 직업으로의 역할도 확실하게 자리 잡아가고 있다.

그렇다면 개인 미디어 콘텐츠 제작자는 어떤 일을 하는 사람들일까?

그들은 자신이 직접 취미와 관심사를 공유하면서 영상 콘텐츠로 방영하여 수익을 올리는 제작자이다. 개인 미디어 콘텐츠 제작자의 역할은 공감형 홍보채널로, 전 세계적 흥행을 불러오면서 초등학생들의 장래희망 조사에서 1위에 오를 정도로 선호하는 직업군이기도 하다.

다양한 SNS.

개인 미디어 콘텐츠의 영역은 넓다. 수익창출로 어려운 이웃을 돕기

소셜미디어 사회의 다양한 창구들.

도 하고, 여행지를 소개하거나 입시에 대비하는 수험생들을 위한 개인 미디어 방송, 온라인 게임 전문 해석, 건강 관련 정보를 제공하거나 법 지식을 제공하는 전문인들도 있다. 반려동물 관련 채널이나 다큐전문, 영화나 애니 해석을 해주는 채널도 있으며 음식 먹방, 음식 먹는 소리 전문 방송 등 분야는 무궁무진하다. 정치를 해설하거나 교통이나 자동차 전문 정보, 주식, 수학이나 물리 등을 직접 실험하고 증명하는 채널도 있다. 신변잡기나 뷰티 관련 방송만 하는 곳도 있다.

그렇다면 이런 개인 미디어 방송을 하기 위해서는 무엇을 준비해야 할까?

개인 미디어 방송의 성공은 시청자들이 선호하는 소재 또는 유행을 선도하는 능력 등을 필요로 한다. 따라서 직업으로 한다면 철저하게 기획해 방송하

거나 참신함으로 승부를 보는 등 특징이 명확해야 한다.

방송을 할 때는 전문적인 방송 장비로 하는 제작자도 있지만 초보자들은 핸드폰만으로도 한다. 필요에 의해 최소한의 영상 장비를 준비하는 제작자도 있다. 전문화 되면서 시청자들에게 보다 우수한 화질과 음향을 들려주고자 장비를 업그레이드하는 제작자도 많다. 따라서 카메라와 모니터, 조명, 편집도구와 마이크를 준비한다면 이에 대한 기능을 정확히 알아야 할 필요가 있다.

스마트폰용 짐벌과 삼각대 정도로도 충분하지만 차 안에서 촬영하는 제작자는 촬영 시 흔들림을 방지하는 카메라를 사용하기도 한다.

촬영을 마치면 영상편집 작업을 하는데, 미디어 플랫폼 회사들이 제공하는 편집도구로 빠르게 할 수 있다.

개인 미디어 콘텐츠 제작자가 되기 위해서는 방송 관련학과를 선택하면 좀 더 다양하게 배울 수 있어 도움이 된다. 고등학교부터 전문대학, 대학 과정이 있으며 이곳에서는 방송 편집, 방송 카메라, 방송 조명, 영상 제작, 방송 기술, 방송 제작, 방송 연출 등 여러 전문 분야를 공부할 수 있다.

그러나 굳이 전문학교에서 전공하지 않고 자신만의 독자적인 콘텐츠를 개발하고 독학해 이 분야에 진출하는 경우도 많다. 성별, 나이, 직업 등 그 무엇도 제한이 없기 때문에 충분히 역량을 발휘할 수 있다는 것은 이 분야의 큰 매력이다.

(1) 콘텐츠 화면과 캐릭터 늘리고 줄이기

미디어 방송 시 콘텐츠 화면을 스마트폰으로 확대하거나 축소할 때 많이 사

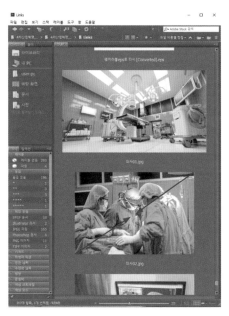

용하는 방법으로 도형의 닮음을 안다면 보다 매끄러운 편집이 가능하다.

저장한 내용을 토대로 콘텐츠를 확대하거나 축소하여 배열할 수도 있으며 강한 포인트를 주어 강조할 수도 있다.

두 직사각형에서 가로와 세로의 비가 동일하게 일정하게 확대되거나 축소하면 서로 닮음이다. 확대되거나 축소된 비율을 k로 하면 작은 직사각형의 가로의 길이를 a, 세로의 길이를 b로 하며 큰 직사각형의 가로의 길이는 ka, 세로의 길이는 kb가 성립한다. 즉 길이를 k배 늘리거나 축소한 것이다.

(2) 죄수의 딜레마 prisoner's dilemma

개인 미디어 콘텐츠 제작자에게 기본적으로 중요한 것은 어떤 콘텐츠를 어떤 방식으로 방송할지에 대한 전략을 세우는 것이다. 이와 같은 전략을 세울 때 게임 이론을 응용할 수도 있다. 심리학 게임이자 의사결정이론으로 널리 알려진 게임 이론에서 소개한 죄수의 딜레마라는 역설은 다음과 같다.

경찰이 두 명의 공범 A, B를 구치소에 각각 가두었다. 두 사람이 공모했다는 확실한 증거는 없으며 심증만이 존재할 뿐이다. 따라서 경찰은 두 죄수에게 다음 표처럼 형량 거래를 제안하려고 한다.

구분	B가 침묵	B가 자백
A가 침묵	(0.5, 0.5)	(3, 0)
A가 자백	(0, 3)	(2, 2)

(괄호 안의 단위는 년[年])

사건에 대해 A와 B가 둘 다 침묵한다면 징역 6개월의 형량을 받게 된다. 이는 둘 모두에게 적용되어 처벌받는 것이다.

A가 침묵하고, B가 자백하면 A는 징역 3년 형을 받고, B는 석방된다. 반대로 B가 침묵하고 A가 자백하면 B는 징역 3년형을 받지만 A는 석방된다.

마지막으로 둘 다 자백하면 둘 다 징역 2년형을 똑같이 받는다. 따라서 가장 좋은 방법은 둘 다 배신해서 자백하는 방법임에도 실제로는 둘 다 침묵하는 것이 가장 좋은 방법이 된다.

그런데 문제는 상대방이 침묵할지 배신할지 알 수 없으며, 자백하면 자백한 사람에게 유리한 형량이 적용되기 때문에 죄수들은 각자 유불리를 계산해야 한다. 어떤 방법이 최선일지는 상대방의 태도가 중요하기 때문이다.

이처럼 죄수의 딜레마는 상대방끼리의 협조적인 선택이 최선의 선택임에도 보일지 모르나 실제로는 나쁜 결과를 초래하게 된다는 오류를 뜻한다. 많은 죄수들이 실제로는 둘 다 침묵하는 것을 택하는 이유도 여기에 있다.

죄수의 딜레마에 대한 문제점을 개선한 것은 내시의 평행이론이 등장하면

서이다. 내시의 박사학위 논문에 수록된 평행이론은, 게임을 했을 때 상대방이 선택한 전략이 자신에게 최선의 결과를 가져다주는 선택을 하면서도 상대방의 전략이 바뀌지 않는다면 자신의 전략도 바꿀 필요는 없는 균형 상태에 이른다는 내용이다.

1920년대 후반 헝가리의 수학자 폰 노이만이 발표한 게임 이론은 경쟁 상황에서 자신의 입장을 고려하고 최적의 해결을 위한 전략론이며 의사결정을 통한 수학적 이론으로 꼽힌다.

어떤 규칙이나 사건에서 2명 이상의 관련자의 이해득실에 따른 갈등상황이 게임 이론이 적용되는 대표적인 예로, 게임 이론 연구가들은 게임에서 사용하는 최적화 전략과 관련자의 행동 예측과 행동의 실제 상황을 동시에 연구한다. 트럼프나 체스 같은 게임에도 게임 이론이 활용된다. 또한 국가에서 정책을 결정할 때나 직장인의 연봉 협상에서도 게임 이론이 응용될 수 있다.

스마트팜 전문가

　현대는 갈수록 고령화 사회가 되어가고 있다. 그중에서도 시골은 연령비중이 급격히 높아진다. 그렇다면 미래사회의 식재료는 어떻게 공급될까? 농사지을 인력이 없다면 우리는 굶주림에 지치는 기아사회를 겪게 될까?

　이에 대한 우려는 스마트팜 농장으로 해결될 듯하다. 이미 시골은 자동화 사회로 넘어가고 있다. 모내기, 김매기, 추수 모두 전문 농경 기계로 하고 있으며 여기에 인공지능을 통한 관리까지 가능해지는 것이 스마트팜 농장이다. 또 자동화가 이루어지면 면적보다 높이를 활용한 관리도 가능해진다. 농경사회에 일대 혁명이 일어나는 것이다.

　다시 말해 스마트팜은 미래식량문제에 대한 하나의 해결책을 제시하는 농장이다. 스마트팜 기술은 농업 기술에 정보통신 기술(ICT)을 접목한 농업 혁신 기술이다. 따라서 효율성과 생산성을 높일 수 있으며 농촌의 경제 성장과

수경으로 관리되는 딸기 농장. 더 이상 몸을 굽혀 딸기를 따거나 물을 주지 않고 자동관리시스템으로 관리가 이루어진다.

함께 농경, 목축 등이 다각화, 사업화되어 젊은 인력을 끌어들일 수 있는 획기적 산업이기도 하다.

온도, 토양 상태, 일조량, 습도 등 재배 작물의 주변 환경과 생육 상태를 스마트 기술로 관리하기에 최소 인력으로, 높은 생산성을 이룰 수 있으며 세계의 기후 변화에 대응하는 기술 개발로 자

시간이 되면 물을 자동 공급하는 수경농장.

농업과 목축업 모두 일정 부분 자동화가 이루어지고 있다.

연재해에서 보다 자유로울 수 있는 장점도 있다. 또한 생산과 유통, 소비가 빠르게 사이클을 타는 현대 사회에 맞춰 우수한 시스템의 순환도를 이룰 수 있다.

현재 연구되는 스마트팜은 비닐하우스, 유리 온실, 축사, 과수원 등을 관리할 시스템 개발과 축산 농장에 확대하여 실행 중에 있다. 축사환경을 모니터링하고, 가축들의 사료와 물 공급 시간과 적정량을 원격 자동으로 제어한다. 따라서 안정적이면서도 생산성 높은 축산 환경이 조성된다.

스마트팜 기술을 적용하기 위해서는 작물에 관한 빅데이터의 구축이 필요하므로 많은 데이터의 수집과 검증이 이루어져야 한다. 사물인터넷 기술도 필요하므로 컴퓨터 프로그래밍과 알고리즘의 제작도 필요하다.

미국과 일본, EU 등 인구감소를 경험하고 있는 선진국들은 스마트팜 기술에 많은 투자를 하고 있다. 우리나라 역시 기획재정부에서 스마트팜에 대한 투자를 확대하고 있다.

스마트팜 전문가는 농민의 고충에 귀를 기울이고 공감하는 포용적 사고력과 의사소통력을 지녀야 한다. 그리고 정보통신 기술에 관한 전문기술도 필요

인간의 손으로 이루어지던 관리는 사물인터넷 등으로 바뀌게 될 것이다.

하다.

　스마트팜에 관심이 있다면 농촌진흥청에서 '스마트팜 전문과정'을 이수하면 된다. 자율주행 트랙터에 관한 조작 방법도 습득하면 스마트팜 관리에 이점이 될 수 있다.

　또한 경우에 따라서는 드론에 관한 조작 기술을 습득하는 것도 필요하다. 선진국에서는 이미 드론에 의한 스마트팜 농업 기술이 많이 상용화되었기 때문이다.

　그렇다면 스마트팜 전문인은 어떤 수학적 지식을 가지고 있어야 할까?

　스마트팜 전문가는 생태학에 대한 지식과 재배 작물의 순환기를 알고 관리하기 위한 계산에 익숙해져야 하므로 도형, 면적 등에 대한 기본 지식이 필요

드론 등 기계를 통한 농작물 관리는 노동력 절감과 체계적 관리를 가능하게 한다.

하다. 생태학은 자연계의 생물의 분포와 주변 환경관계에 대해 연구하는 생물학의 한 분야이다.

(1) 생존 곡선 survivorship curve

시간의 생존율에 의한 생존 개체수를 그래프로 나타낸 것을 생존 곡선이라 한다. 생존 곡선은 다음처럼 세 가지 형태로 나누어 그려진다. 함수의 그래프이므로 한 눈에 파악할 수 있다.

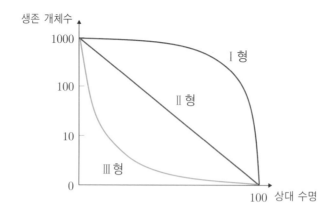

    Ⅰ형은 그래프의 x축과 y축을 보면 알 수 있듯이 상대수명과 생존 개체수가 완만하게 감소한다. Ⅰ형은 높은 생존율을 가지며 어미의 보호본능으로 초기 사망률이 낮고 대부분 생리적 수명을 마치게 된다. 절대적으로 적은 수의 새끼를 낳는 편이며 사람을 포함한 대형 포유류가 여기에 속한다.

    Ⅱ형은 그래프의 x축과 y축이 일정하게 감소하는 것을 볼 수 있다. Ⅱ형은 태어나거나 부화한 시기부터 사망률이 꾸준하며 사슴, 조류, 어류, 소형 포유류, 곤충류 등이 여기에 속한다.

    Ⅲ형은 그래프의 x축과 y축에서 보여주듯 상대수명과 생존 개체수가 급하게 감소한다. 이것은 태어난 후 낮은 생존율을 갖는다. 산란수는 많으나 생장 초기에 다른 생물에게 잡아먹혀 죽는 개체가 초기에 많다. 따라서 생존한 극소의 개체만이 높은 수명을 갖고 생리적 수명을 다한다. 어패류, 나무 등이 여기에 속한다.

(2) 로지스틱 방정식 ^{logistic equation}

여러분은 기하급수적이라는 말을 들어본 적이 있을 것이다. 이 말은 급격한 급커브 곡선으로 상승하는 현상을 말한다.

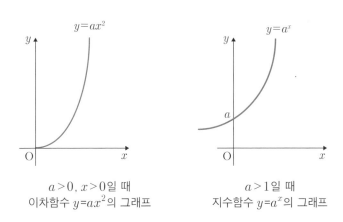

$a>0,\ x>0$일 때
이차함수 $y=ax^2$의 그래프

$a>1$일 때
지수함수 $y=a^x$의 그래프

대부분 이차함수 또는 지수함수에서 볼 수 있는 곡선이 기하급수적인 증가를 말하는 곡선이다. 그렇다면 인구가 증가하거나 박테리아가 증가하는 것이 무한대의 기하급수적 증가가 가능할가? 가능하다면 인류는 무한대로 증가하여 지구에 발 디딜 곳이 없을 것이며 박테리아도 지구를 발 디딜 틈 없이 뒤덮을 것이다. 그렇지만 현실은 다르다. 그래서 지수함수를 따르는 기하급수적이라는 말은 정해진 한정된 기간만 가능성이 있으며, 실제로는 다른 곡선을 따르게 된다.

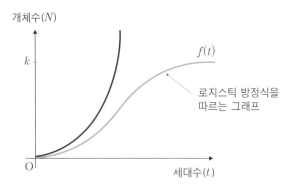

로지스틱 방정식은 벨기에의 교수이자 수학자인 베르휼스트^{Verhulst}가 개발했으며, 생태학에 적용하는 방정식이다. 로지스틱 방정식은 다음과 같다.

$$\frac{dN}{dt} = rN\frac{(K-N)}{K}$$ (N은 개체수, K는 수용능력, r은 개체의 증가율)

그래프와 방정식에서 알 수 있는 것은 세대수가 증가함에 따라 개체수가 완만하게 증가하다가 어느 수준에서 더 이상 증가하지 않고 수렴하는 것이다.

(3) 수소 이온 지수(pH; potential of Hydrogen)

수소 이온 지수는 농업에서 토양의 비료 원소의 용해도와 작물의 양분 흡수와 관련이 크므로 중요한 지표이다. 수소 이온 지수가 5 이하이거나 8 이상의 토양 환경에서 자라는 작물은 드물다는 점에서 꼭 알아야 할 부분이다.

수소 이온 지수는 덴마크의 생화학자 쇠렌센이 처음으로 측정했다. 용액의 산성도에 대한 척도이며, 0에서 14까지 나타낸다. pH가 7이면 중성이다. 중성은 순수한 물일 때의 pH이다.

중성보다 pH가 더 높으면 염기성, 더 낮으면 산성이다. pH를 계산하는 방법은 로그를 사용하는데, $pH = \log\frac{1}{[H^+]} = -\log[H^+]$이다. 산성, 중성, 염기성을 아래표처럼 한눈에 볼 수 있다.

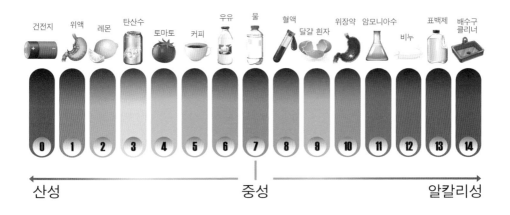

도표처럼 마시는 물은 중성보다 약간 낮은 산성으로 pH가 6.3에서 6.6일 때이다. 우리 몸은 알칼리성을 띤 7.4일 때 가장 건강한 신체를 유지할 수 있다고 한다.

엔터테인먼트와 의료 전문가

상담심리 전문가

나는 지금 스트레스 없는 삶을 살고 있는가?

세상에 싫은 사람이 하나도 없는 사람이 있을까? 하고 싶지 않은 일을 해야만 하는 상황에 스트레스를 받는 사람도 있을 것이다. 처음 하는 일이라 바짝 신경을 세워 일하고 나면 그날 하루가 너무 고되어서 눈물이 날 수도 있다. 스트레스 없는 삶을 살고 있는지에 대한 질문에 없다고 답할 사람은 얼마나 될까?

누구나 사회생활을 하다 보면 다양한 요인으로 인해 스트레스와 걱정, 마찰이 생긴다. 이 때문에 발생하는 심리적 문제는 스스로 제어하거나 해결하기 어려울 때가 많다.

음악을 듣거나 운동을 해도, 다양한 취미 생활을 해도 풀리지 않을 때를 여러분은 겪어봤을 것이다. 현대인은 누구나 스트레스를 안고 산다고 한다. 그리고 이와 같은 문제 해결을 돕기 위해 탄생한 직업이 상담심리 전문가이다.

상담심리 전문가는 대인 관계와 심리적 어려움을 겪은 사람들에게 심리학으로 접근하여 문제를 해결하도록 조언하는 전문가이다. 상담의 범위도 아동, 가족, 학교, 사회, 부부, 생애 개발 등 광범위하다. 사회생활에서 심리적 고통에 처한 사람이라면 심리학적으로 도움을 받아야 하는데, 상담심리 전문가들이 이를 돕는 역할을 하고 있다.

정신과 의사는 환자를 대상으로 진료하고 약을 처방한다. 그러나 상담심리 전문가는 다양한 심리검사를 통해 심리 상태를 파악하고 그 문제에서 빠져나올 수 있도록 돕는다. 이때 상담심리 전문가는 분석한 결과에 따라 개인상담, 집단상담, 기록상담, 위기상담, 인터넷 상담, 자기성장프로그램, 대인관계향상프로그램 등 여러 심리치료방법에 대해 모색하게 된다.

　이와 같은 업무를 담당하는 상담심리 전문가가 되기 위해서는 타인에 대한 포용력과 문제 분석력, 사고력 등이 필요하다. 인간의 심리와 성격에 대한 지식과 의사소통 기술 또한 필요하기 때문에 전문 교육을 받아야 하며, 상담 내용에 대한 유연한 사고력도 필요하다. 어떤 내용을 상담하게 될지 알 수 없는 만큼 인내심도 필수이다. 뿐만 아니라 상담자의 우울한 심리에 동화되지 않도록 냉철하게 판단하는 이성적 대처도 필요하다. 사람 대 사람이라는 대면적인 특성을 가진 직업이므로 활발하고도 긍정적인 사고를 가져야 함은 물론이다.

　물질만능과 개인 생활이 중요해진 현대사회에서는 갈수록 상담심리 전문가의 손길을 필요로 하고 있다. 그리고 수요는 계속해서 증가할 것으로 예상된

다. 또한 과거에는 상담심리에 대한 기피현상이 만연했던 과거와는 달리 현대인들은 스트레스를 행복을 방해하는 질병으로 인식하고 적극적인 상담을 통해 치료하는 것을 선호하게 되었다.

상담심리사는 한국상담심리학회에서 발급하는 1급과 2급 자격증을 취득해야 심리상담을 할 수 있다.

1급 상담사는 대학원에서 상담관련 학과를 석사학위 이상 취득해야 하며, 한국상담심리학회 정회원으로 가입해야 한다. 그리고 학회에서 요구하는 실습과 실무과정을 거쳐야 한다.

2급 상담사는 상담학과 분야의 학사학위를 취득했거나 전공은 아니지만 3년 이상의 상담 경력이 있을 때 한국상담심리학회에 준회원으로 가입이 가능하며 그 후 학회에서 요구하는 실습과 실무과정을 거쳐야 한다.

1급 상담사로 5년간 활동한 후 학회의 요구 조건을 갖추면 슈퍼바이저라는 최고 수준의 전문가가 된다.

심리상담 전문가는 사회의 문제점과 개인과의 관계도 잘 파악하고 인지하며, 사회과학적 지식도 갖추어야 한다. 그중 하나가 수학의 한 분야인 통계학을 이용한 사회의 문제점 분석능력이다. 인문학 또는 사회과학 분야로 보이는 직종에서도 수학은 쓰이는 것이다.

(1) 베이즈 정리

기하학에 피타고라스의 정리가 있다면 확률론에는 베이즈 정리가 있다. 베이즈 정리는 수학에만 필요한 것이 아니고, 사회 과학에도 등장하는 공식이기 때문이다.

예를 들어 두 개의 상자가 있다. 그 두 개의 상자에는 각각 노란 공과 파란 공이 섞여 있다. 여러분이 두 개의 상자 중 하나의 상자에서 노란 공을 꺼냈을 때의 확률은 숫자가 주어지면 구할 수 있다. 그런데 노란 공을 꺼냈을 때 어느 상자에서 나왔는지 확률을 구하라면 금방 갸우뚱할 것이다. 베이즈 정리는 이러한 문제에서 출발한다. 조건부 확률을 계산하게 된 베이즈 정리는 다음과 같다.

$$P(A \mid B) = \frac{P(B \mid A) \cdot P(A)}{P(B)}$$

사건 A와 사건 B는 서로 배반 사건이다. 동시에 일어나지 않는 사건이라는 의미이다. 그리고 $P(A \mid B)$는 사건 B가 발생했을 때, 사건 A가 발생하는 확률이고, $P(B \mid A)$는 사건 A가 발생할 때, 사건 B가 발생하는 조건부 확률이다. $P(A)$와 $P(B)$는 사전확률이다. 베이즈 정리는 사후확률분포로 사전확률을 이용해 구한다.

(2) 푸아송 분포 ^{Poisson distribution}

희귀하게 일어나지 않는 사건에 대해 확률적으로 모형화한 분포가 푸아송 분포이다. 만약 은행이나 편의점이 한가한 시간대를 조사하고 싶다면 푸아송 분포를 이용하면 된다. 푸아송은 판결이 잘못된 범죄에 대해 조사하면서 이를 연구하는 과정에서 푸아송 분포를 발견했고 이는 다시 일정한 기계의 고장 횟수, 책 한 권의 오타의 수, 제품의 결점 수, 수돗물의 세균 수, 군대에서 군마에 치여 사망한 군인의 수 등을 조사하면서 광범위하게 사용되기 시작했다. 단 빈도가 낮은 확률에만 적용된다.

$$P(x) = \frac{e^{-\lambda}\lambda^x}{x!}$$

푸아송 분포에서 e는 오일러의 수이며 2.714…이다. λ는 발생 빈도인 평균을, x는 사건이 일어나는 횟수를 말한다. x는 푸아송 분포에서 구하려는 변수이기도 하다.

어느 청소년 축구팀이 매 경기마다 후반전에 2골을 평균적으로 넣는다고 한다. 마지막에 전력을 다해 스트라이커를 넣는 것이다. 그렇다면 이번 경기에서 후반전에 6골을 넣을 확률을 구해할 수 있을까? 푸아송 분포식을 이용하면 가능하다.

x는 6, λ는 2를 대입하여 계산하면 다음과 같다.

$$P(6) = \frac{e^{-2}2^6}{6!} = 0.0120\cdots$$

약 1.2%의 가능성이 나온다. 푸아송 분포에서의 계산결과에서 보듯이 평균 2골을 넣는 어느 청소년 축구팀이 이번 경기에서 6골을 넣은 기적은 거의 일어나지 않을 것이다.

(3) 최소제곱법

콩나물처럼 매일 관찰되는 일일 식물의 일간 성장량이나 두 변수 간의 상관관계에 대해 알고자 할 때 최소제곱법을 사용한다. 최소제곱법은 자연과학이나 사회과학에서 많이 이용한다. 목표는 관측결과치인 점들과 곡선 사이의 오차의 제곱을 최소화하여 회귀곡선을 찾고, 관측치에 대한 예측도 하는 것이다.

1806년 르장드르[A.M. Legendre]가 발표했으며, 가우스도 1809년 전체운행이론을 통해 최소제곱법을 발표한 바 있다.

두 변수 x, y를 순서쌍으로 11개 나타낸 표가 있다. 이것을 최소제곱법으로 구하면 선형 회귀 직선을 그릴 수 있으며, $y = 0.5909x + 3.0909$라는 일차식을 얻는다.

선형회귀는 a와 b의 값을 구하는 것이다. 결국 a는 기울기, b는 y절편이 되고, 이 회귀선에 따르면 오차 없이 평균에 가깝게 되는 것이다.

x	y
1	3
2	4
3	5
4	5
5	7
6	9
7	6
8	8
9	7
10	10
11	9

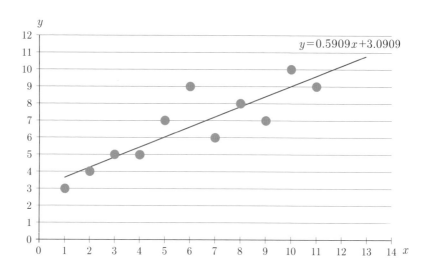

$$y = 0.5909x + 3.0909$$

점 사이에 가장 오차가 작은 직선이 그려지며 이를 그래프 형태로 나타내면 회귀곡선이 된다. 회귀곡선은 회귀분석에 쓰이면서 변수의 원인과 결과에 대해 분석하도록 수학적으로 나타낸다. 그리고 예측도 가능하다.

(4) 피어슨 검정

칼 피어슨은 현대 수리통계학의 창시자 중 한 사람으로 인정받고 있다. 피어슨 검정은 3개 이상의 모집단에서 모비율의 동일성 검정에 사용하는 검정으로 카이제곱 검정으로 알려져 있다.

χ^2 통계량(카이제곱 통계량)은 관측치와 기대치의 빈도수 차이를 제곱하여 기대빈도로 나눈 값이며, 이 통계량을 통해 귀무가설[*]의 기각과 채택을 판단한다. χ^2이 0이면 기대치와 관측치가 동일한 것이다. 즉 피어슨 검정을 통해

귀무가설의 기각여부를 판단하게 되는 것이다. 자유도와 유의수준과 함께 사용하는 방법으로 편측방법에 속한다.

---

* 귀무가설: 기각될 것을 예상하며 세운 가설로, 설계한 가설이 진실일 확률이 극히 적기 때문에 처음부터 버릴 것을 예상하면서도 세우는 가설을 말한다.

건축사

4차 산업에서 우리사회의 급속한 변화를 보여주고 있는 산업 중 하나는 건설업이다. 건설업은 제조업이면서도 서비스업을 양산하는 분야이며, 스마트한 산업구조에 부응하기 위해 변화가 큰 분야이기도 하다.

건축은 예전이나 지금이나 성장형 산업으로, 진행형이며 ICT 혁신이 접목되면 거대한 변화가 불게 될 분야이다. 로봇의 작업장 투입과 자동화 과정에 따른 작업현장은 또 하나의 4차 산

건축사는 절대 사라질 수 없는 직업군 중 하나이다.

현대 건축은 컴퓨터를 이용해 좀 더 과감하고 혁신적인 건물을 선보이고 있다.

고전과 현대의 조화를 선보이고 있는 건축물.

그래픽을 이용해 실내를 이미지화했다.

업 혁명의 통로가 될 것이기 때문이다.

　건축사는 건축물에 대한 설계, 감리, 공사 등의 업무를 하는 전문가이다. 종류도 다양하고, 국토부에서 자격 면허를 발부받는다. 이를 위해서는 건축사 자격시험을 보아야 한다.

　스마트 시대가 되면서 주거와 도시 환경이 크게 변화하고 있기 때문에 건축사들의 업무도 다변화가 요구된다. 건축 역시 여러 분야와 유동적으로 접목될 것이며 3D 프린트 기술로 구현 가능해지면서 설계도 뿐만 아니라 건물의 외장재도 다변화되고 있다. 홀로그램으로 미리 선 선보이는 건축물은 입체성을 띨 것이며 바람과 빛 등 다양한 환경을 시뮬레이션할 수 있게 된다면 더 튼튼하고 합리적인 결과를 보게 될 것이다. 또한 인공지능의 활용은 설계와 시공 그리고 실제 거주까지 전 과정에서 안전 관리와 법률 사항 등을 미리 확인할 수도 있다.

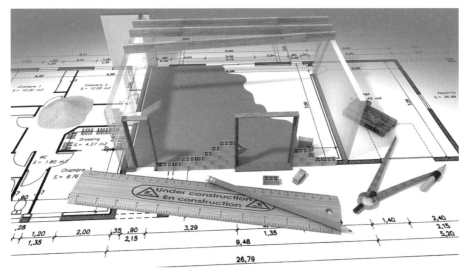

수공으로 진행하던 설계는 IT와 만나 3D설계로 진화하고 있다.

CGI(Computer Generated Imagery)를 이용해 이용해 설계한 옥탑방 내부 이미지.

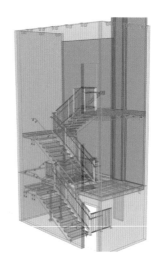

3D로 구현한 다양한 형태의 건축설계. 빌딩 정보 모델링이 적용되었다.

　국토부에서는 스마트 시티의 국가시범도시의 건설을 계획한 세종시와 부산 광역시도 빅데이터와 인공지능, 네트워크의 핵심기술을 구현한 것으로 볼 수 있다. 그리고 국가시범도시의 건설에는 자동화 시공, 모듈 제작 공정, 드론과 사물인터넷의 활용 광촉매를 사용한 미세먼지 흡착과 저감 등의 건설 기술 등을 사용한다.

　빌딩 정보 모델링^{Building Information Modeling}(줄여서 BIM으로 함)은 4차 산업 분야에서 발돋움 중인 기술로, 건축물의 설계와 시공의 모든 과정에서 일어나는 정보를 통합 관리하는 것이다. 건축설계를 2D가 아닌 3D로 함으로써 공간 활용성과 효율적 설계가 가능해진 것이다. 그리고 공사 과정에서 문제점의 수정 및 보완하는 장점도 있다. 또한 공사 기간을 단축할 수 있으며, 비용을 절감할 수 있으니 4차 산업에서 많이 지향할 수 있는 기술력이기도 하다.

건축은 기하학과 연관된 수학으로 많은 발전을 해왔다. 그리고 그만큼 건축과 관련된 수학을 찾는 것은 어려운 일은 아니다.

⑴ 피타고라스 정리와 사인 법칙

고대부터 건축학의 발전으로 생겨난 하나의 유명한 공식이 있다. 바로 피타고라스의 정리이다. 우리가 안전한 건물에서 살 수 있는 것도 피타고라스의 정리 덕분이라고 할 수 있다. 토지 또는 교각의 건설과 댐의 건설, 항공기의 이착륙에도 피타고라스의 정리는 적용된다. 따라서 건축학에서는 구구단으로 불릴 정도로 활용도가 높다. 고대 인도와 바빌로니아, 중국에도 이미 수학적으로 널리 사용되었던 공식인 피타고라스의 정리는 피타고라스와 피타고라스학파에 의해 증명되고 정리되었으며 수많은 학자들의 연구로 현재 증명된 방법만 400여 가지가 넘는다.

피타고라스의 정리는 '직각삼각형에서 직각을 낀 두변의 길이의 제곱의 합은 빗변이 길이의 제곱과 같다'를 의미한다.

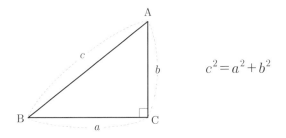

$$c^2 = a^2 + b^2$$

피타고라스의 정리는 ∠C가 직각일 때만 가능하다. 그런데, 여기서 ∠C가

직각이 아닌 경우라면 공식이 있을까? 그 공식이 제 2코사인 법칙이다.

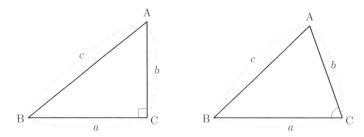

　왼쪽 그림은 피타고라스의 정리이며, 오른쪽은 ∠C만 다른 제2코사인 법칙이다. 코사인 법칙은 제1코사인 법칙과 제2코사인 법칙을 묶어 말한다. 다소 복잡해 보이지만 제2코사인 법칙은 피타고라스 정리에서 나온 공식으로 재미있는 공식이다.

　결론적으로 피타고라스의 정리는 직각삼각형에서 성립하고, 제2코사인 법칙은 예각삼각형이나 둔각삼각형 같은 일반 삼각형에서 성립한다. 제1코사인 법칙과 제2코사인 법칙은 아래처럼 각각 3가지가 있다.

제1코사인 법칙	제2코사인 법칙
$a = b \cdot \cos C + c \cdot cos B$	$a^2 = b^2 + c^2 - 2bc \cdot \cos A$
$b = c \cdot \cos A + a \cdot cos C$	$b^2 = c^2 + a^2 - 2ca \cdot \cos B$
$c = a \cdot \cos B + b \cdot cos A$	$c^2 = a^2 + b^2 - 2ab \cdot \cos C$

(2) 오차

　건물을 지을 때는 여러 건축법규가 적용된다. 이때 건폐율이나 용적률, 벽체, 바닥체 두께, 출구 너비 등 여러 요소들에 대한 제한이 있다. 그러면 건축법에 따라서는 오차가 발생하더라고 허용치만큼의 오차가 발생해야 한다.

　오차는 이렇게 수학뿐 아니라 건축에도 중요한 요소이다. 오차는 근삿값에서 참값을 뺀 값이다. 근삿값은 측정한 것처럼 참값에 가까운 값이며, 참값은 물건의 길이 또는 질량, 부피 같은 실제값이다.

　전자저울로 무게를 재었더니 50.25kg이 나왔다면 참값이다. 대략 50kg쯤 나왔다고 한다면 근삿값이다. 그렇다면 오차 계산은 왜 필요할까? 근삿값에서 참값을 빼면 $50 - 50.25$kg 이므로 오차는 -0.25kg이다.

　지름이 25mm인 암나사를 생산한다고 하자. 생산을 했을 때 암나사의 지름이 25mm만 된다면 100% 아무 문제가 없겠지만, 실제로는 지름에 오차가 생기게 된다.

지름 25mm

　오차의 한계를 0.2mm로 하여, 0.2mm 이내로 생산이 허용된다면 합격이 된다.

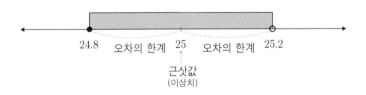

24.8　　오차의 한계　25　오차의 한계　25.2

근삿값
(이상치)

그리고 오차의 한계를 벗어난 암나사는 홈과 맞지 않을 확률이 높기 때문에 불합격이다.

(3) 멩거 스펀지

건축에서 구조 설계와 더불어 아름다음을 구현하는 요소는 미학이다. 즉 건축물의 디자인도 하나의 기술이자 미학이다. 프렉탈은 기학학적으로 쓰임새가 다양한 수학 분야이다. 프렉탈을 이용한 건축물은 무한대를 표현함과 동시에 2.727차원이라는 평면도형과 입체도형의 중간차원을 가진다. 평면이 2차원이고, 입체도형이 3차원인 점에 비견한다면 신기한 차원의 수인 셈이다.

1926년 카를 멩거가 개발한 프렉탈로, 정육면체를 27개의 작은 정육면체로 쪼갠 후 중간에 위치한 각 면을 1개씩 빼내는 작업을 무한히 하여 얻은 도형이 멩거 스펀지이다. 프렉탈 과정을 지날수록 부피는 작아지며, 시에르핀스키 카펫이라는 표면적은 점점 커진다.

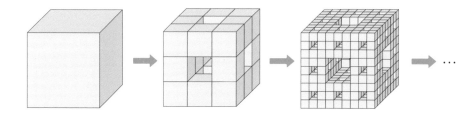

멩거 스펀지를 스펀지의 안쪽으로 생각하면, 매우 작은 공간과 무한대 겉넓이를 가진 무수한 직육면체로 구성된 것을 알 수 있다. 그러나 매우 많은 입체

멩거 프렉탈.

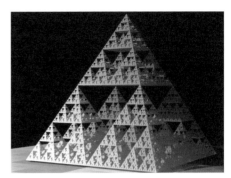

시에르핀스키 프렉탈.

도형도 무한히 가면 먼지 한 티끌 정도에 가까운 작은 크기가 되어 0에 가깝게 된다. 이러한 신비로운 멩거 스펀지가 건축물로 만들어진 예도 있다. 그 예가 서울 서초동의 부띠크 모나코와 서울 논현동의 어반 하이브이다.

(4) 스토마키온과 칠교놀이

스토마키온의 발명자는 목욕탕에서 부력의 원리를 깨닫고 외쳤던 유레카!를 외쳤던 아르키메데스$^{\text{Archimedes, BC 287~212}}$이다. 스토마키온은 14개의 조각으로 구성된 분할퍼즐로서 536가지의 다양한 형태를 만들 수 있다.

2003년 퍼즐 전문가 빌 커틀러는 컴퓨터 프로그램으로 17,152가지의 형태를

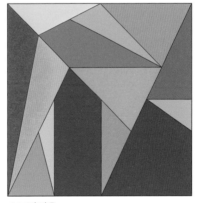

스토마키온.

만들 수 있음을 증명했다. 이것 하나만 보더라도 아르키메데스가 뉴턴, 오일러, 가우스와 함께 위대한 수학자로 불리는 이유를 알 수 있다.

칠교놀이는 정사각형 안에 짜여진 삼각형 5개와 사각형 2개로 이루어진 퍼즐 조각이다. 도형을 이리저리 이동하여 정사각형 판을 완성할 수 있으며, 다양한 모양을 만들 수 있다.

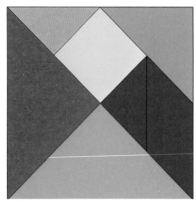
칠교놀이.

칠교놀이는 지혜판으로도 불리며, 중국에서는 탱그램으로도 불렸다. 오로지 7개의 조각으로 동물과 사물, 문자 등을 나타내므로 창의적 놀이로 사용되는 교구이다. 또한 특별히 교구가 없더라도 가위, 자, 종이, 연필만으로도 칠교놀이 판을 만들 수 있다.

(5) 나선

한 점을 중심으로 규칙적으로 회전하면서 그래프 모양을 갖는 평면 곡선을 나선이라 한다. 나선은 소용돌이선이라는 순수한 우리말도 갖고 있다. 황금비를 설명할 때 쓰이는 수학적 개념이기도 하지만 건축에서도 나선을 많이 이용한다.

다양한 형태의 나선형 계단들.

아르키메데스가 기원전 225년 전에 최초로 이 나선에 대해 언급했으며 처음에는 $r=a\theta$의 방정식으로 그래프 모양을 소개했다. 아르키메데스의 나선은 등차수열을 이룬다. 기원전 500년경부터 나선 모양은 아시아와 유럽에서 장신구와 서원을 비롯한 건축물에 이르기까지 다양하게 응용된 것으로 보고 있다.

나선의 방정식은 모양이 거의 비슷하다. 회전 방향과 약간의 형태가 다를 수는 있지만 기본적으로 비슷한 소용돌이 형태로 생각하면 된다.

방정식 $r=a+b\theta$로도 나타낼 수 있으며 그래프는 오른쪽과 같다.

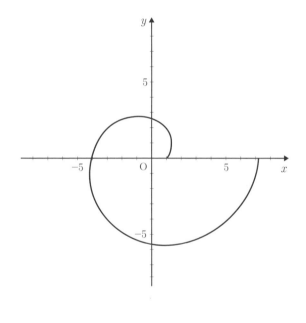

한편 피보나치의 나선은 등비수열의 연구에도 많은 영향을 주었다.

피보나치의 나선은 피보나치 수열의 증명에도 등장하며, 호의 $\frac{1}{4}$이 각 정사각형에 내접하도록 그려지는 황금비를 이루어 신비감을 준다.

자연에서 발견되는 나선으로는 소라와 해바라기, 앵무조개를 들 수 있다.

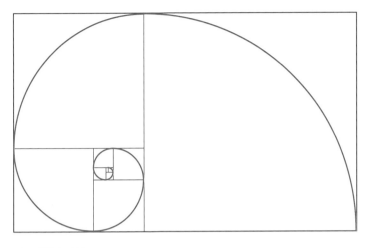

피보나치의 나선.

(6) 뫼비우스의 띠와 클라인 병

뫼비우스 띠는 가로가 세로보다 조금 더 긴 직사각형 모양의 종이의 한쪽 끝을 반 바퀴 꼬아서 반대편과 마주 붙여서 완성한 것이다. 띠를 따라서 한 바퀴를 돌고 되돌아오면 위아래가 바뀐다. 또한 뫼비우스 띠의 중간 부분에 점을 찍은 후 한 바퀴를 돌면서 그려나가면 한 바퀴를 다 돌았을 때 그 점의 뒷부분에 도 착하게 된다. 그리고 계속해서 한 바퀴를 더 돌면 다시 원래 점 위 치에 그어진다. 수학 기호로 무한

불꽃으로 구현된 뫼비우스의 띠.

대를 뜻하는 ∞와 모양이 비슷하다.

뫼비우스의 띠는 1858년 아우구스트 페르디난도 뫼비우스가 발견했으며, 예술, 음악, 문학과 공학에도 널리 응용된다. 하나의 면으로만 이루어진 도형임에도 위상수학에서 중요한 연구 대상이 되기도 한다. 또한 뫼비우스 띠를 본 딴 건물이나 장신구도 있다.

1957년 굿 리치 컴퍼니는 뫼비우스 띠 모양의 컨베이어 벨트를 생산했다. 컨베이어 벨트를 반 바퀴 비틀어 만들면 결국 벨트 양면을 전부 사용할 수가 있어 2배로 절약이 가능하다. 또 우리나라의 한복은 한번 비틀어서 마주 이어 붙이는 원리가 뫼비우스의 띠와 같다는 연구 결과도 있다.

한편 우주의 신비를 풀어줄 신기한 초입체가 있다. 바로 클라인 병이다. 뫼비우스의 띠를 원기둥으로 적용하면 클라인 병이 된다. 뫼비우스 띠보다는 일반인들에게 크게 알려지진 않았지만 수학과 건축학에서도 중요하다.

컨베이어 벨트.

클라인 병은 안과 밖이 구별되지 않는다. 안이 곧 밖이 되고 밖이 곧 안이 되는 기이한 형태를 가진 4차원의 초입체이다.

3차원에서 내부에 있는 도형에 이르기 위해서 외부에서는 그 겉면을 지나야 하는데, 4차원에서는 내부에 곧바로 도달한다는 점에서 클라인 병은 신비한 수학이론을 설명하게 된다. 클라인 병은 3차원으로 완성하면 물을 담을 수 있지만 4차원으로 만들면 물을 담지 못한다는 차이점을 갖는다.

클라인 병을 실사화 했다.

(7) 기하학의 연구 주제가 된 곰복

건축학에서 중요한 요소 중의 하나가 무게의 중심이다. 무게의 중심은 모든 도형과 물체에 존재하는 균형잡힌 중심점을 말한다. 삼각형과 사각형은 아래처럼 무게중심 G가 있다.

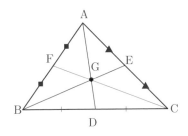

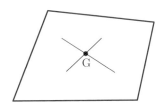

거북의 곰복과 인공 곰복.

　그런데 수학적 무게중심으로는 설명이 불가사의한 것이 있다. 곰복이다. 곰복은 헝가리어 gömbök에서 유래했으며 오뚝이를 뜻한다. 밀면 뒹굴면서 쓰러지지 않고 다시 일어서는 특성을 갖는 기하학 물체이다. 곰복은 여러분이 어릴 때 한 번쯤은 가지고 놀아본 적이 있는 오뚝이 인형을 연상하면 된다.

　1995년 러시아의 수학자 블라디미르 아르놀트는 구조적으로 이리저리 굴려도 똑바로 설 수 있는 입체구조가 존재할 것이라고 제안했다.

　하나의 안정된 균형점을 갖는 입체도형에 대한 설명은 수학계의 많은 관심을 받았다. 수학자들을 사로잡은 이 주제는 많은 연구가 이루어졌고 결국 2006년 헝가리 부다페스트 기술경제대학의 가보르 도모코스[Gábor Domokos]교수와 페터 바르코니[Péter Várkonyi] 박사는 그리스령 로도스 섬에서 2000개 이상의 조약돌을 관찰한 끝에 균형을 잡기 위해 스스로 몸을 뒤집는 거북의 등껍질에서 곰복을 발견했다.

　이를 토대로 인조 곰복을 시도했던 그들은 0.1mm 이내의 정확도가 필요하다는 결론을 내린 후 직접 곰복을 제작했다.

간호사

오랜 시간 간호사는 우리 사회에서 선호하는 직업이었다. 그리고 미래사회에서도 여전히 전망 좋은 직업 중 하나가 될 것이다.

간호사는 간호사 면허 시험에 합격한 후 의사의 진료를 보조하고 지원하는 전문가이다. 따라서 간호사의 업무는 다양하다.

먼저 의사의 진료 보조와 환자의 간호 요구에 대한 관찰과 데이터 수집 및 요양 간호 업무가 있다. 병원의 시스템의 흐름을 파악하고 환자의 진료 상황에 따른 의사 지시를 정확히 숙지하여 처치하고 이를 보고하고 기록하는 업무를 잘 수행해야 한

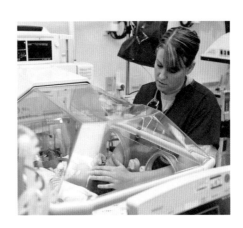

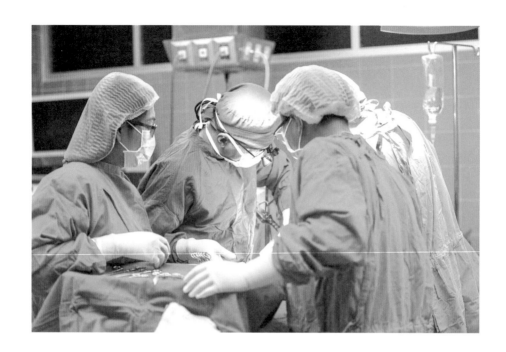

다. 각종 의료 도구와 의약품 관리에 대한 역할도 있다. 요양 시설에서는 요양 보호사와 간병인이 하는 업무보조에 대한 지도도 역할 중 하나이다.

현재 간호사는 남성의 비율이 3%, 여성이 97%를 이루고 있으며 평생 직업 으로 인정받고 있다. 업무의 강도가 세면서도 사회적 수요가 많은 편에 속한 다. 무엇보다 봉사정신이 투철하여야 하며 사명감이 강해야 하는 직업 중 하 나이다. 환자의 정신적, 육체적 고통에 대해 공감대가 형성되어야 환자들의 편안함을 이끌어줄 수 있기 때문이다.

따라서 4차산업 시대에는 많은 분야가 인공지능으로 대체된다고 해도 환자 에 대한 공감대 형성과 인간에 대한 측은지심은 인간의 영역이기 때문에 기계 로 대신할 수는 없다.

　그렇다면 간호사 업무에는 왜 수학이 필요할까? 당장 수액처방만 떠올려봐도 알 수 있다. 의사의 처방에 따라 수액을 넣을 때 혼합비율을 확인해야 할 상황이 올 수도 있다. 인터넷에 떠도는 간호학과 기숙사의 와이파이 비번 문제만 해도 수학을 할 수 없다면 구할 수 없는 답을 요구하고 있다.

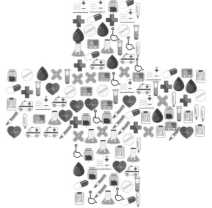

(1) 그래프의 출현

그래프graph는 쉽게 이해하도록 수학 기호와 그림으로 나타낸 도형이다. 수학에서는 매우 자주 등장하는 그림으로 어려운 수학 공식이 나오더라도 그래프 하나로 단번에 이해가 가능하기도 하다. 그만큼 정보에 관한 전달력이 뛰어나다. 또한 여러 설명이 필요 없이 결과를 잘 보여주기에 시간을 아낄 수 있어 각종 보고나 통계에서 많이 이용한다. 기본 패턴을 직감적으로 판단해주는 역할도 하므로 그래프의 활용도는 매우 높다.

최초의 선그래프는 스코틀랜드의 엔지니어 윌리엄 플레이페어William Playfair, 1759~1823가 나타낸 '영국의 무역수지 도표'이다.

이 그래프는 영국을 기준으로 덴마크와 노르웨이의 1700년부터 1780년까

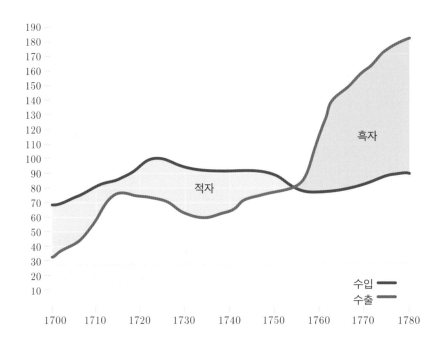

지의 수출량과 수입량을 나타냈다. 파란색 부분은 수출 < 수입이므로 적자를, 노란색 부분은 수출 > 수입이므로 흑자를 나타낸다. 이밖에도 선그래프는 강우량, 적설량 등 여러 요인들을 관찰하고 예측하는 기후 그래프로 많이 쓰인다.

선그래프와 함께 막대그래프도 많이 사용한다. 막대그래프는 조사한 수량을 한눈에 보기 쉽게 쉽게 파악 가능하도록 막대로 나타낸 그래프이다.

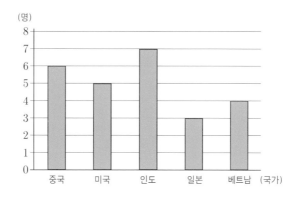

위의 막대그래프는 T대학의 경영학과 유학생들의 국가를 조사한 것이다. 막대그래프의 높이가 가장 높은 것은 인도 유학생들이고, 가장 낮은 것은 일본 유학생들인 것을 알 수 있다.

막대그래프와 비슷한 모양이지만 엄연히 다른 그래프가 있다. 바로 히스토그램이다. 히스토그램은 계급의 크기를 가로에, 도수를 세로에 나타낸 직사각형 모양의 그래프로, 위의 막대그래프와는 달리 떨어져 있지 않고 붙어 있다.

계급(단위 cm)	도수
0(이상)~2(미만)	3
2(이상)~4(미만)	4
4(이상)~6(미만)	6
6(이상)~8(미만)	7
8(이상)~10(미만)	6
10(이상)~12(미만)	8
12(이상)~14(미만)	4
14(이상)~16(미만)	2
합 계	40

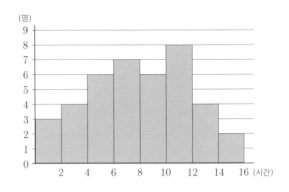

어느 반의 인터넷 접속시간을 나타낸 위의 히스토그램을 살펴보면 가장 높은 도수와 가장 낮은 도수를 알 수 있다. 막대그래프는 x축에 있는 도수가 수량적으로 나누어지지 않고, 서로 떨어져 있으므로 이산형 자료이다. 그에 반해 히스토그램은 x축의 도수가 수량적으로 나누어지고, 서로 붙어져 있으므로 연속형 자료이다.

원그래프$^{pie\ chart}$는 전체에 대한 해당 비율을 부채꼴 모양으로 나타낸 그래프이다. 피자 판을 나눈 듯한 모습으로 보이며, 부채꼴의 넓이의 크기로 비율의 척도를 알 수도 있다. 물론 나타낼 때는 백분율이다.

이 그래프는 어느 초등학교 학급에서 좋

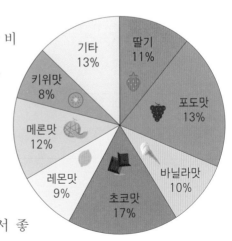

어느 초등학교 학급의 아이스
크림 맛에 관한 원그래프

아하는 아이스크림의 맛에 관한 학생 수를 조사한 후 각 백분율을 조사한 것이다. 20%로 가장 많은 백분율을 차지하는 포도맛이 가장 선호하는 맛이다. 그리고 8%로 선호도가 가장 떨어지는 것은 키위맛이다.

원그래프도 선그래프 또는 막대그래프처럼 한눈에 보기 쉽게 파악할 수 있다. 원그래프는 전체(원)에 대한 부분(부채꼴)을 이해하는데 매우 중요한 그래프이기도 하다.

(2) 정보이론

정보의 개념을 수량화하여 확률론과 통계학을 이용하는 수학 계통을 정보이론이라 한다. 정보이론은 무선 전송을 통해 알파벳으로 된 메시지를 보내는 연구에서 유래한다.

정보이론은 미국의 과학자 클로드 앨우드 섀넌이 1948년에 '의사소통의 수학적 이론'이라는 논문에서 발표한 이론으로. 정보를 효율적이고 정확하게 저장과 전송, 표현하는 것을 하기도 한다.

정보 이론은 데이터의 압축방법과 전송, 저장, 처리 능력, 채널을 통해 소통할 수 있는 네트워크 방법 등에 관해서도 지원하며, 잡음과 오류의 방지에도 적용되는 분야이다.

정보이론에서는 특별한 사건은 빈번한 사건보다 정보량이 많다고 주장한다. 우리에게 진부한 사건은 일상사에서 흔히 일어나므로 정보 가치가 없으며 정보량이 적다. 그러나 드물게 일어나는 특별한 사건은 정보량이 크다.

예를 들어 아침에 일어나 양치질을 하는 것은 진부한 일상이다. 그리고 출근하다가 산 복권이 1등에 당첨되는 행운은 특별한 사건이다. 정보량 $I(x)$에 대한 수식은 다음과 같다.

$$I(x) = -\log_2 P(x)$$

여기서 $P(x)$는 발생확률이다.

예를 들어 주사위를 두 번 던져서 1의 눈이 2번 나올 때의 정보량과 동전을 한 번 던져서 뒷면이 나올 때의 정보량을 비교해 보자.

주사위를 두 번 던졌을 때 1의 눈이 두 번 나올 때의 정보량

$$I(x) = -\log_2 \frac{1}{36} \fallingdotseq 5.17$$

동전을 한 번 던졌을 때 뒷면이 나올 때의 정보량

$$I(x) = -\log_2 \frac{1}{2} = 1$$

계산하면 주사위를 두 번 던져서 1의 눈이 두 번 나올 때의 정보량이 동전을 한 번 던졌을 때 뒷면이 나올 때의 정보량보다 약 5.17배 더 크다. 그만큼 확률이 더 어렵다는 것을 알 수 있다.

(3) 보로메오 고리

분자 구조에 관한 연구로 유기 합성물을 만들어내고 나노 기술의 발전과 더

불어 의학에 많이 이용되고 가치가 있는 수학적 모델이 있다. 바로 보로메오 고리이다. 보로메오 고리는 수학적 연구로 시작한 것은 아니다. 보로메오 고리는 르네상스 시대에 이탈리아 보로메오 가문의 문장에서 사용하기 시작했다. 피렌체의 한 교회에서도 사용한 바 있다. 3개의 고리가 엉켜 있으면서도 고리 중 하나를 자르면 3개의 고리는 모두 흩어진다.

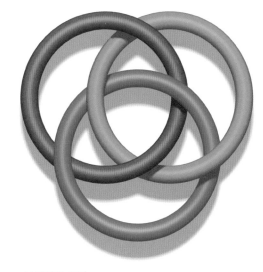

보로메오 고리.

분자 연구에 대한 업적으로 보로메오 고리는 중요한 실험 대상이 되었으며 앞으로도 화학구조 이론으로써 연구될 것이다.

의료 영상에서도 보로메오 고리는 응용된다. 고리에 의한 매듭은 단백질의 합성과 구조에 관해 오래전부터 연구되어온 터라 보로메오 고리 또한 그 분야 중 하나이다.

의사

의료법에 따라 전문적인 의료기술과 지식으로 병을 진단하고 고치거나 예방하는 전문가를 의사라 한다. 의사는 의사, 한의사, 치과의사 등이 있으며 의사가 되기 위해서는 의과대학이나 치과대학, 한방 대학 등을 졸업하고 국가시험을 합격한 후 보건복지부 장관의 면허를 받아야 한다. 그리고 의사는 인턴과 레지던트의 단계를 4~5년 더 거쳐야 전문의가 된다. 의학전문대학원으로 진학해 의사가 되는 방법도 있다.

의사는 환자에 대한 치료와 진단에 대해 정확하게 할 의무가 있으며, 질병으로 고통받는 환자의 마음을 안정시키고 치료를 위한 상담도 병행해야 한다.

의사의 범위도 넓다. 정신과, 심리과, 내과, 외과 등으로 나눌 수 있으며 이 안에서도 다시 수술의, 마취의, CT, X−레이 등을 전문 판독하는 전문의 등으로 나눌 수 있다. 의약만 개발하는 분야도 있다.

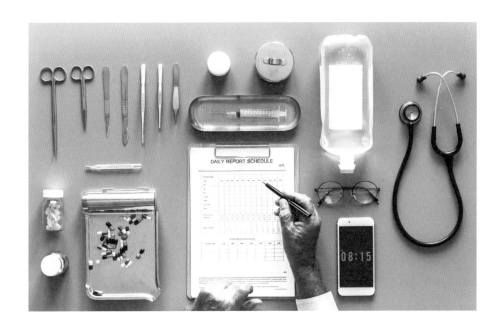

의학은 과학과 만나 눈부시게 발전해왔고 수많은 질병을 퇴치했으며 새로운 질병에 맞서 싸우고 있다. 그리고 이제 의학은 인공지능과 만나 새로운 의학의 세계를 열고 있는 중이다.

의학에 도입된 대표적 인공지능으로는 의료계의 알파고로 불리는 왓슨 watson이 있다. IBM에서 개발한 컴퓨터 프로그램 왓슨은 인공지능 의사라고도 불린다. 인간의 언어를 이해할 수 있고 왓슨에 저장된 방대한 의학 자료는 빠른 시간 안에 많은 자료를 추출할 수 있어 의료계에 많이 활용되고 있다.

'오늘 새벽에 머리가 아프고, 열이 많이 나고, 식은땀이 났으며, 맥박이 고르지 않다…'와 같은 증세를 질문하면 왓슨은 이에 대한 처방을 해준다. 이미 숙련된 전문의의 입장에서 진단을 내리는 것이다.

질병과 제약 쪽 연구에 매진하는 의사들도 있다.

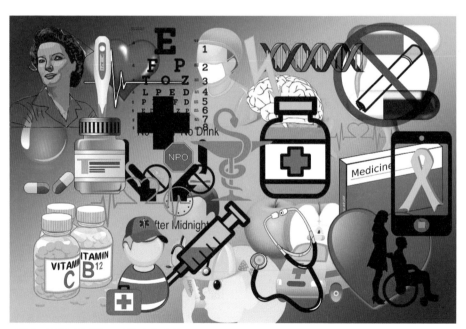

의학은 수많은 분야들로 이루어져 있다.

왓슨은 현재 질병 진단의 정확성이 90%에 가까우며 치료 방법에 대해서도 의견을 알리는 수준이라고 한다. 우리나라도 가천대를 포함한 7개 대학병원에서 왓슨을 활용하고 있다.

하지만 한계는 존재한다. 기계적 진단은 인간의 몸이 가진 특수성과 다양성을 아직 다 담아내지 못하기 때문에 초기에는 인공지능이 의사를 대체할 수도 있을 것이라고 예상했지만 지금은 수정되었다. 결국 수술 로봇과 의사의 협업이 가장 정확한 예측과 진료 및 치료를 할 수 있는 최선의 방법이라는 것이 의학계의 결론이다. 전문의사의 필요성은 사라지지 않는 것이다.

그럼에도 수술 로봇의 도입은 의사와의 협업을 통해 보다 빠르고 정밀하며 우수한 수술 성과를 보여줄 것임은 분명하다. 그리고 이와 같은 인공지능 전문의를 탄생시키기 위해서는 선행적으로 다양한 분야의 전문가들 사이에서 협업이 이루어져야 하기 때문에 새로운 다양한 직업들이 탄생할 것이다.

그렇다면 의사라는 직업 분야에선 수학이 왜 중요할까? 간단하게 몇 가지만 살펴보자.

(1) 부피

혈액은 뼈 속의 골수에서 생성된 우리의 온몸을 혈관을 통해 순환하는 액체 형태의 물질이다. 혈액이 순환한다는 것을 세상 사람들이 안 것은 영국의 의사 하비가 17세기에 논문에서 발표한 이후이다.

인간에게 필요한 혈액은 몸무게가 70kg인 사람의 경우에는 약 5.83L라고 한다.

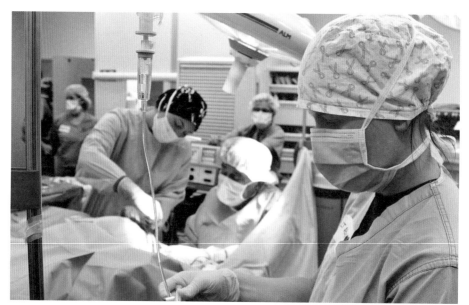

수술을 할 때는 여러 분야의 전공의가 협력한다.

인공지능과 의사의 협업은 현재도 이루어지고 있고 앞으로는 더 활발해질 것이다.

몸무게(kg)	혈당량(L)	혈액량(L)
40	2	3.33
50	2.5	4.17
60	3	5.00
70	3.5	5.83
80	4	6.67
90	4.5	7.50
100	5	8.33

여러분도 위의 도표에서 여러분의 혈액량을 대략 예상해보자.

혈액 속에는 혈장이라는 대부분이 물 성분으로 된 물질이 있는데, 이 혈장이 혈액의 60%에 속한다. $1\ell = 1,000\text{cm}^3$이며, 여러분이 보통 사용하는 음료수의 패트병을 1.8ℓ로 계산한다면 많은 양의 혈액이 우리의 신체를 순환하고 있다는 것을 알 수 있다.

이를 통해 치료과정에서 필요한 또는 대비해야 할 혈액량 즉 수혈을 비롯해 수술 시 필요한 수혈용 피 등을 계산할 수 있게 된다.

⑵ 큰 수의 법칙

여러분은 질병을 진단받았을 때, 치료율과 검사 결과의 신뢰도에 대해 전문

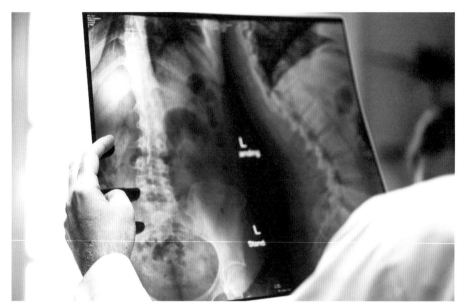

촬영분석의

의와 상담한 적이 있을 것이다. 어떤 증세가 있어서 그 신체 부위에 대해 CT나 MRI를 촬영했는데 별 이상이 없다는 진단이 났을 때에도 촬영기기에 대해 믿을 수 있는지 질문할 수도 있는 것이다.

이처럼 여러 임상 결과에 대해 수학적으로 적용할 수 있는 법칙이 큰 수의 법칙이다. 라플라스의 정리라고도 하는데, 다음처럼 나타낸다.

$$\lim_{n \to \infty} P\left(\left|\frac{X}{n} - p\right| < h\right) = 1$$

이 수식은 시행 횟수가 많을수록 그 확률에 가까워진다는 것을 의미한다. 의학적으로 몇 %의 생존율이나 완치율, 검사에 대한 신뢰도는 환자라는 표본에 대해 임상 연구하고 치료해서 결론지은 확률이다. 최근에는 의료촬영기가 92%에 가까운 검사결과에 대한 신뢰도를 가지고 있으니 믿을 수 있다고 한다. 수백 번, 수천 번 이루어진 의료 장비의 검사 결과에 대한 신뢰도는 여러 검사 결과에 대한 개별 확률에 대한 검사결과가 되는 것이다.

치유율에 대한 확률도 어떤 질병이 80%의 치유율을 보였다는 통계는 여러 번의 임상결과의 결과에서 나온 것이다.

큰 수의 법칙의 예로 주로 언급하는 것이 동전의 앞면과 뒷면에 대한 확률과 주사위의 여섯 개 면에 대한 확률이다. 동전은 앞면과 뒷면으로 구성되어 있고, 던져보아도 그 두 가지 중 하나의 면만 결정된다. 그렇다면 여러분이 동전을 10번 던졌을 때 앞면과 뒷면이 다섯 번씩 나올까? 그렇지 않는 경우가 더 많다. 심지어는 모두 앞면이 나올 수 있다. 그러나 많이 시행할 수록 앞면이 $\frac{1}{2}$, 뒷면이 $\frac{1}{2}$의 확률에 가까워진다는 것이 도출된다.

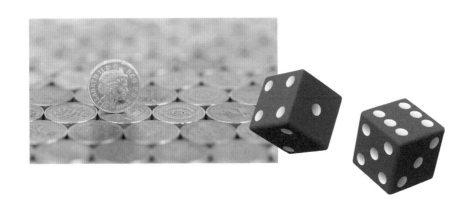

셰프

　요리는 그 나라의 고유 특성이다. 요리는 여러 조리 과정을 거친 가열된 음식을 말하며 기후와 생활력, 문화에 따라 달라진다.

　요리도 하나의 커다란 공정이므로 협업하는 시스템이 깨지면 제대로 된 요리가 나오기 어렵다. 또한 장시간의 노동을 필요로 하는 경우도 많으므로 강인한 체력을 요구하며, 조리시간, 화력, 음식 궁합 등을 잘 지켜야 하는 정확성도 요구된다.

　요리사의 영역은 넓다. 조그마한 음식점부터 전문 분야의 음식, 요리사의 이름을 내건 전문점, 한식, 일식, 양식, 디저트 전문 카페 등등 어떤 음식이 주 분야인지에 따라 달라지며 배달 전문점, 체인점 등으로 나눌 수 있다.

　그중 셰프는 전문 요리를 하는 기술력을 보유하며 주방 전체의 운영을 하는 전문가를 말한다. 전문 요리 분야에서는 조리사를 시작으로 단계를 거치면서

셰프의 자리에 오르게 된다.

　요리사가 되는 방법은 요리 학원을 다니거나 요리 전문 고등학교 또는 전문 대학에서 조리사 자격증을 취득하는 방법 등 다양하다. 외국의 유명 요리학교에서 수학하여 요리사가 되는 경우도 있다.

　요리사는 초기에는 주방 청소부터 설거지, 조리 스킬, 재료 준비 등 여러 기본적인 업무를 배우게 된다. 냉장고 정리 등을 통해 재료의 보관과 관리 등이 이루어지므로 요리를 원활히 하는 중요한 업무로 볼 수 있다. 연극 무대를 만드는 스텝처럼 요리의 완성에 간접적이나마 영향을 주는 것이다.

　요리는 무엇보다 손님들의 시간과 입맛을 즐겁게 해주는 종합예술이라고 할 수 있다. 따라서 좋은 메뉴를 개발하고 홍보를 통해 매출을 늘리는 것이 중

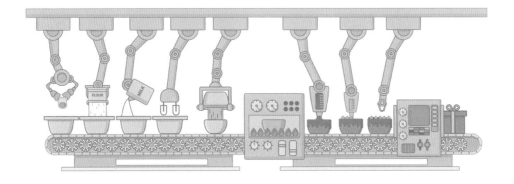

요하다. 뿐만 아니라 유행, 경기 변동에 따라 커다란 굴곡을 겪는 산업이기에 경쟁이 치열하다.

요즘은 정확한 레시피를 입력해둔 로봇 셰프의 출연으로 바리스타, 특정 음식, 햄버거, 초밥도 기계화가 가능해졌다. 그리고 아직 상용화 단계는 아니지만 로봇 자동화의 시대에 맞추어 이와 같은 단순 요리는 로봇 셰프에게 맡기는 경우가 증가할 것으로 예상한다.

인공지능의 공헌에 힘입어 차후에는 뷔페에 필요한 여러 요리를 만드는 것도 가능하다고 한다. 그리고 요리를 익힌 로봇 셰프가 창의적인 요리를 만들 수도 있을 것이라고 예측하고 있다.

그럼에도 불구하고 셰프란 직업은 더 중요해질 것이다. 물론 4차 산업혁명 시대이므로 다양한 과정들이 로봇이나 인공지능의 도움을 받을 수는 있지만 더 높은 단계, 그리고 섬세한 디핑 과정과 서비스도 중요한 요리의 과정으로 인식되는 만큼 전문 셰프의 가치는 커질 수밖에 없다.

자동화 시대가 되어도 전문음식점은 고객 취향을 만족시키는 정도에 따라 고부가가치가 가능한 전망이 밝은 직종 중 하나이다.

분수

요리를 할 때 설탕 $\frac{1}{2}$스푼, 대파 1개의 $\frac{1}{3}$정도, 간장 $2\frac{1}{2}$스푼 등 분수를 사용할 때가 많다. 셰프의 남다른 비결인 레시피에는 이 분수의 숫자가 차별화를 두기 때문에 매우 중요하다. 요리의 경험에 따라서 분수가 자연스레 떠오르게 된다.

균등하게 조각을 나누거나 손님 수에 맞춰 재료를 준비하거나 신선함이 생명인 재료를 그날그날 준비하기 위해 하루 영업을 위해 필요한 재료를 준비하는 과정에서도 다양한 수학적 계산이 이루어진다.

요리의 종류는 수천 가지이며 현대인들은 자국에서 타국의 음식을 즐기고 누리는 사회가 되었다.

직접 가게를 운영하는 사장겸 셰프라면 더더욱 수학적 능력은 필요하다. 메뉴에 따른 재료들을 계산해서 준비하는 과정에서 낭비를 막고 경영의 수지 타산을 맞추어야 하기 때문이다.

예를 들어 30인분의 카레 재료, 20인분의 돈까스, 스파게티 재료를 준비하려면 1인분에 필요한 양을 계산하고 그에 맞춰 총 재료를 계산하면 된다. 여기에는 사칙연산이 필요하다.

가게를 유지하기 위해서는 재료비와 임대료, 기타비용 등을 환산해서 음식 가격을 정하고 하루 매출액을 산출할 수 있어야 한다. 요리기술이 좋아 요리사가 되었다고 현실을 외면할 수는 없다.

　우리가 의무교육에서 배우는 수학적 지식만 꽉 붙들어도 다방면에서 도움이 될 수 있는 이유로 이런 것은 어떠한가?

　음식을 만든다고 해서 수학과 관계없는 삶은 아닌 것이다.

패션 디자이너

멋지게 차려 입고 누군가를 만나고 싶다. 중요한 자리에 맞는 옷을 입고 싶다. 누군가에게 잘 보이고 싶다란 생각은 누구나 한다. 오늘 뭐 입을까를 시작으로 하루를 여는 사람도 있을 것이다.

패션의 시작은 자신을 꾸미고 싶은 욕구에서 비롯된다. 즉 자기연출의 출발인 것이다. 자신의 단점을 커버하고 자신만의 스타일에 날개를 달게 하는 것도 패션이다. 따라서 저 먼 과거부터 수많은 사람의 관심속에 화려함에서 단순함까지 순환적으로 변화를 거듭하며 패션의 세계는 진화해왔다.

그리고 전문직업으로 발돋음했다. 패션 디자이너는 신발, 액세서리, 가방, 모자, 스카프, 시계 등 의상과 소품을 디자인하여 스타일을 창조하는 전문가이다.

패션 디자이너는 디자인만 하는 직업이 아니라 창의성과 함께 사회를 담고

유행을 선도하는 패션은 IT와 만나 새로운 작업 환경을 갖게 될 것이다.

유행을 선도하며 철학을 어떻게 표현할지 콘셉트를 정하는 것이 중요하다.

유행을 파악하는 것을 넘어서 유행을 선도해야 하는 패션 디자인은 비율과 리듬, 조화, 강조, 균형의 5대 요소를 잘 담아야 한다. 2차원의 평면을 이용해 디자인해 3차원의 룩과 실루엣으로 구현하기에 입체적 구상력도 지녀야 한다. 또한 아름다운 패션을 연출하기 위해 패션 디자이너는 옷의 치수부터 황금비, 색상에 대한 명도, 채도 같은 여러 요인 등에 수학적 시선을 더해야 한다.

패션 디자이너는 의상 디자인학, 의류 의상학, 패션 디자인학 등 전문대학 과정이나 국내외 패션 학원, 직업 교육원 등에서 전문교육을 받아야 될 수 있다. 온라인 쇼핑몰을 통해 트랜드를 파악하고, 대중을 대상으로 한 중저가의

패션디자이너는 원단에 대한 이해와 컬러감도 가지고 있어야 한다.

패션과 개성을 살리는 제품을 비롯해 에르메스, 구찌, 샤넬 등 고가정책을 유지하는 판매전략 등 다변화되어 있다. 따라서 대량 생산으로 가격을 내린 제품부터 일정 수준을 요구하는 소비자 중심 제품까지 다양하다.

처음 만나는 사람에게 가장 먼저 인상을 심어줄 수 있는 것이 겉모습 즉 패션인 만큼 패션에 대한 관심은 사라질 수 없다. 따라서 4차산업혁명 시대에도 여전히 패션 디자이너의 자리는 굳건할 것이라는 것이 미래예측학자들의 주장이다.

패션 디자이너의 손을 거쳐 탄생한 옷들은 온·오프라인 등 다양한 유통 과정을 통해 소비자를 만난다.

(1) 황금비

황금비는 가장 이상적인 균형 비율이다. 피타고라스는 이 세상에서 가장 아름다운 비율이 황금비라고 주장하며 피타고라스파의 상징으로 황금비율을 보여주는 오각형의 별을 사용했다.

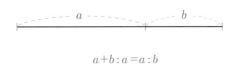

$$a+b:a=a:b$$

1 : 1.618의 비율을 보여주는 황금비는 신용카드, 반지갑 등 현대인의 생활 속에 구현되고 있다.

기자의 대피라미드 역시 황금비를 구현했다고 한다.

조지 벨로스 등을 비롯해 많은 예술가들에게 영향을 주기도 한 황금비가 패션 디자인에는 어떤 영향을 주었을까? 정확한 황금비는 아닐지라도 패션 디자이너는 의상을 디자인할 때 키, 머리 크기, 어깨 너비, 힙의 크기 등 인간의 체형을 고려하여 의상을 기획 제작한다. 비율을 생각하며 디자인하는 것이다.

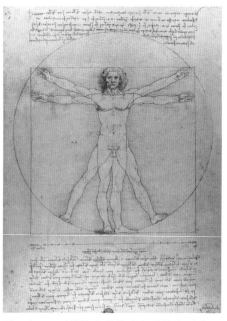

레오나르도 다빈치의 황금비가 적용된 인체 모형도.

(2) 큐빗-단위

팔꿈치에서 중지 끝까지의 길이를 단위로 삼은 큐빗은 서양과 근동 지방에서 사용했던 단위이다. 하지만 사람마다 팔꿈치에서 중지까지의 길이가 달랐으므로 치수에 혼란이 발생해 이집트인은 화강암으로 만든 자를 기준으로 1큐빗의 단위를 정했다. 큐빗은 지역마다 차이가 있었는데, 이집트의 1큐빗은 약 52.4cm이고, 바빌로니아인은 약 53cm이다. 지금은 1큐빗 단위를 사용하는 일이 드물지만 오랫동안 사용되었던 만큼 수학 단위로서의 가치가 있다.

(3) 작도

눈금 없는 자와 컴퍼스로 도형을 그리는 것이 작도이다. 원과 직선을 그리는 것을 포함하여 각의 이등분선, 선분의 수직이등분선, 수선, 같은 각을 옮기기, 평행선, 정삼각형의 작도에 이르기까지 기하학에서 폭넓게 사용하고 있다. 그리고 각의 삼등분은 작도가 불가능한 것으로 유명하다.

(4) 패턴

패턴은 도형 또는 숫자에서 발견할 수 있는 일정한 형태나 규칙을 말한다. 일정한 모양의 반복. 조화, 대비, 대칭 등의 요소로 구성된다. 그리고 이 패턴은 패션 디자이너에게 매우 중요한 요소 중 하나이다.

패션 디자인에서는 패턴에 따라 디자인 형태의 이미지가 결정된다. 체크무늬도 스코틀랜드 바둑판 배열로 종류만 해도 10가지가 넘으며, 색깔을 분류한다면 무수히 많다. 그랑프리 깃발, 방패 문양, 체스판에서도 체크무늬를 볼 수 있으니 우리 주변에 익숙한 문양이라는 것을 알 수 있다.

반복 패턴.

조화 패턴.

대비 패턴.

대칭 패턴.

플로리스트

꽃은 역사적으로 기념일, 예식일, 장례식, 헌화, 종교 기념 장식 등 여러 경조사에 쓰이는 유용한 작물이다.

꽃은 다양한 컬러와 형태, 향을 자랑하는 만큼 미적 전시감을 연출하기에 좋은 소품이다.

플로리스트는 공간에 알맞게 꽃을 연출하는 전문가를 말한다. 영국을 비롯한 유럽에는 유명한 플로리스트가 특히 많다. 영국 왕실 전담 플로리스트도 있으며, 백화점을 비롯해 대

형 쇼핑몰, 전시관 등의 대형 건물에도 꽃을 장식하는 전문 플로리스트들의 손길이 미치고 있다. 결혼식 부케도 플로리스트의 손을 거쳐간다.

　플로리스트 중에는 개인 레슨과 강연을 통해 노하우를 공개해 제자를 키우는 경우도 많다. 과거와는 달리 조화와 프리저브드 플라워가 활용되면서 플로리스트의 손길이 줄었지만 행사와 다양한 리셉션, 대규모 쇼핑몰의 등장으로 전문 플로리스트는 더 많은 대우를 받고 있다. 또한 이러한 전문가에 대한 대우는 갈수록 높아질 수밖에 없기도 하다. 따라서 확고한 전문인으로 자리잡기위해서는 매번 바뀌는 꽃의 유행과 스타일 감각을 키워나가야 하는 등의 자기개발이 중요하다.

플로리스트의 업무는 다양하다. 화훼류를 목적에 맞게 꾸미는 것과 각종 이벤트를 기획 및 디자인, 제작, 관리한다. 따라서 꽃에 관한 미적 감각과 색채 감각이 있어야 하며 장소에 맞는 재료의 선택 및 구성을 통해 성공적인 결과를 보여줘야 한다. 따라서 아트적 감각과 꼼꼼한 성격이 있는 사람이 플로리스트에 적합하다고 할 수 있으며, 탐구 정신도 갖추어야 한다. 플로리스트는 꽃 한두 송이의 꽃으로 아름다운 포인트를 주는 것부터, 원색과 보색의 대비로 고급스럽게 꾸미는 장식, 과일과 다양한 나무, 화초를 이용한 과감성, 눈길을 끄는 조합의 재구성력도 필요하다. 그리고 업무량이 정해지지 않고 생화의

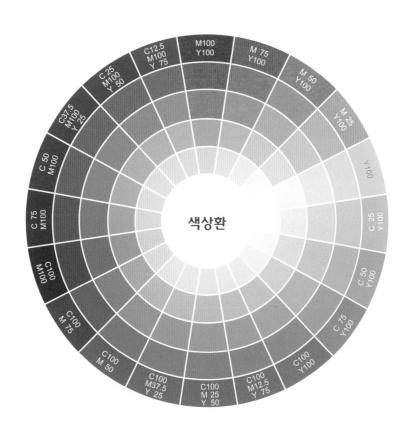

결혼식, 행사장, 기념식 등 플로리스트가 활동하는 전문 분야는 많다.

화구를 고르고 구도를 잡는 것도 모두 플로리스트의 역량에 달려 있다.

색감, 화기, 구도, 비율 모두 플로리스트에게 중요하다.

신선함이 중요하기 때문에 미리 작품을 준비해둘 수는 없다. 따라서 작업 정도에 따라 날밤을 새우는 일도 있다.

플로리스트는 평생교육원과 사회복지관, 문화센터, 사설학원에서 교육받을 수도 있지만 덴마크, 영국 등 플로리스트의 입지가 강한 국가에서 유학하는 방법도 있다. 한국산업인력 공단에서는 2004년부터 화훼장식기능자격시험을 통해 꽃꽂이부터 테이블 장식과 식물 심기 등의 실무 작업과 필기시험을 실시하고 있다.

그렇다면 플로리스트는 어떤 수학을 이용하고 있을까?

대칭과 비대칭

여러분은 어릴 적 미술 시간에 데칼코마니^{décalcomanie}를 해보았을 것이다. 종이를 반으로 접은 후 한쪽에 물감을 뿌린 후 종이를 접게 되면 양쪽 면에 같은 그림이 나타난다. 완성된 작품이 꼭 나비의 양 날개를 생각나게 할 때도 있다.

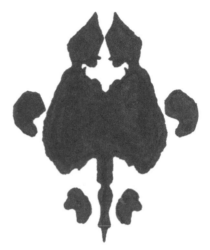

이와 마찬가지로 자연계나 물질은 대칭을 이루는 것들이 많다. 일상 생활에서 장갑 두 짝, 젓가락 두 짝, 메는 가방의 양 어깨의 멜방 끈도 대칭을 이룬다. 얼굴도 대칭이며, 꽃과 나무도 대칭을 이루는 것이 많다. 이처럼 대칭을 이루는 이유는 안정적이고 질서있게 유지되는 역할 때문이다.

데칼코마니.

장소, 행사의 성격에 따라 꽃과 화기의 선택이 달라지게 된다.

플로리스트의 업무 중에 꽃꽂이가 있다. 폼을 형성하기 위해 복잡한 수학공식이 들어가는 것은 아니지만 구도를 잡고 꽃꽂이를 완성하는 것이다. 꽃꽂이의 폼은 여러 가지가 있지만 그중 2가지 삼각형 폼이 유명하다. 첫 번째로 대칭 삼각형 폼이다.

대칭 삼각형은 대칭축을 중심으로 좌우가 같은 직각삼각형이 2개의 형태로 이루어져 있다. 플로리스트는 이 형태를 기억하며 좌우 대칭이 조화를 이루도록 작업하면 된다. 이때 꽃을 필요로 하는 장소와 성격을 고려하며 장식할 꽃을 고르고 그 꽃이 조화를 이루도록 아름답게 장식하면 된다. 완성되면 좌우가 꼭 거울을 비춘 듯한 모습일 것이다. 대칭 삼각형의 구도는 오랜 전통으로 왕가 가문이나 귀족들의 예식이나 행사에 많이 사용되었다.

대칭 삼각형은 이등변삼각형, 정삼각형이 있다. 부케는 역삼각형 형태로 꾸밀 수도 있다.

대칭 삼각형으로 완성한 꽃꽂이.

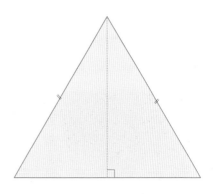

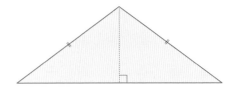

대칭 삼각형의 다른 예.

　다른 꽃꽂이 기본 폼은 비대칭 삼각형이다. 비대칭 삼각형은 자유롭고 형식에 얽매이지 않은 창의적인 장식이다. 보통 비대칭 삼각형은 부등변 삼각형을 의미한다. 부등변 삼각형이란 세 변의 길이가 서로 다른 삼각형을 말한다.

　비대칭 삼각형으로 꽃꽂이를 하려면 색깔과 꽃의 종류에 대해 더 많은 심사숙고가 필요하다. 비대칭이기 때문에 무게 중심도 생각해야 한다. 꽃의 소재를 어느 쪽에 쏠리게 해서 세련미를 연출해야 할지에 대한 고민도 필요하지만 이러한 세련미는 비대칭 삼각형 폼의 독특한 장점으로 플로리스트들이 즐겨 꽂는 방법이다.

비대칭 삼각형 꽃꽂이.

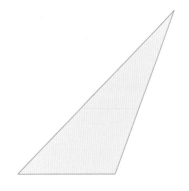

같은 꽃도 어떤 화기를 사용하느냐에 따라 분위
기가 달라진다. 이 또한 플로리스트의 역량을 나
타낼 수 있는 방법이다.

역삼각형의 형태를 띤 부케.

화기, 화재에 따라 꽃꽂이의 분위기는 달라진다.

영상 전문가

가상현실 전문가
홀로그램 전문가
특수효과 기술자

가상현실 전문가

가상현실 전문가는 가상의 시·공간을 3차원 가상현실 소프트웨어로 디자인하고 활용하여 개발하는 전문가를 뜻한다. 우선적으로 3차원 공간에 대한 공간 지각능력과 창의력, 가상 시·공간을 분석하는 능력이 필요하다. 가상현실은 실제 존재하지 않지만 실제와 거의 비슷한 체험을 해야 하므로 응용 범위가 넓다. 게임이나 애니메이션은 우리가 가상현실로 쉽게 만나볼 수 있는 분야 중 하나이다. 3D게임은 꽤 구체적으로 구현되고 있으며 최근에는 가상현실 백화점이나 가상현실 갤러리, 가상현실 매장 등에도

가상현실은 어디까지 실현될 수 있을까?

가상현실 교육이 가능해지는 세상이 오고 있다.

응용되어 고객이 직접 방문하지 않아도 내부와 제품을 직접 구경할 수 있는 프로그램들이 개발 중이다. 또 내 방에 맞는 가구와 가전제품 배치를 해볼 수 있는 어플도 개발되어 있다.

놀이 기구도 가상현실을 스크린화하여 현실감 있는 놀이를 구현함으로써 실제 롤러코스터를 탄 것과 같은 기분을 느끼도록 하는 프로그램들도 있다. 이는 운전과 도로 주행 시뮬레이터에도 이미 상용화되어 있다. 화재훈련에도 이와 같은 프로그램이 적용되어 위험에 대비한 훈련 프로그램이 개발되고 있으며 그밖에도 다양한 분야에서 적용될 것이라고 한다.

스필버그 감독의 2018년도 영화인 〈레디 플레이어 원〉은 가상현실의 극대점을 보여주었다고 한다. 가상현실 전문가가 진출할 수 있는 분야는 다양하며

우리 집에서 가고 싶은 곳으로의 여행 체험도 가능하다.

그만큼 4차산업 시대에는 전망이 밝은 직업이지만 역시 다양한 분야가 접목되어야 하는 만큼 팀웍이 중요한 분야이기도 하다.

그렇다면 가상현실 세계에는 어떤 수학 분야가 응용되고 있을까? 이 직종에 관심이 있다면 우리가 좀 더 알아야 할 수학 분야는 무엇일까?

(1) 루빅스 큐브

가상현실에서 중요한 3D의 세계를 조금은 엿볼 수 있는 놀이기구로 루빅스 큐브가 있다. 루빅스 큐브는 조각의 일부를 회전하여 전체 배치가 바뀌는 퍼즐이며, 3D에 대한 이해와 상상력을 확장한다. 40년의 역사를 가진 퍼즐로도 유명한데, 여러분도 아마 한번쯤은 재미삼아 다루어봤을 것이다. 1974년 발명되어, 이듬해 특허를 내고 1980년 1월에 미국 회사 '아이디얼 토이스$^{\text{Ideal Toys}}$'

제품으로 출시됐다. 헝가리 부다페스트 응용미술대학 건축과 교수 루빅 에르뇌Rubik Ernoe, 1944~의 이름에서 따온 것이 바로 루빅스 큐브이다.

루빅스 큐브의 조각들이 맞추어지는 경우의 수는 자그만치 43,252,003,274,489,856,000가지라고 한다. 루빅스 큐브를 가지고 놀면서 여러분은 몇 가지나 맞추어 보았는가? 현재 많은 수학자와 공학자들이 루빅스 큐브에 대해 연구하고 있다. 그리고 이에 대한 논문과 풀이집도 많이 출간되었다.

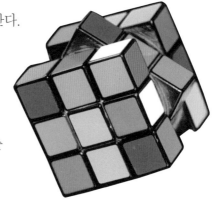

(2) 정사영

3차원 도형에서 항상 등장하는 것이 정사영이다.

빛으로 3차원 도형을 위에서 아래로 내리 쬐면 2차원 도형인 그림자가 되는데, 이 모양이 정사영이다. 정사영의 넓이는 원래 도형의 넓이보다 작다.

정사영의 넓이는 원래넓이×$\cos\theta$의 간단한 공식이지만 공간 도형에서 많

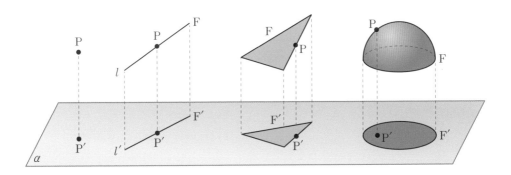

이 쓰인다. θ는 이면각이며, 도형과 도형과의 벌어진 각이다. 정사영을 통해 원근법을 알게 되면 이것은 가상현실에 응용된다.

(3) 허수 imaginary number

가상세계와 현실을 연결하기 때문에 가상현실을 연구하는 데 필요한 수인 허수는 영어로 번역하면 상상 속의 수이다. 즉 현실적으로는 존재하지 않는 수이다. 제곱하여 음수가 되는 수를 허수라고 말할 수도 있다. 수학에서는 좌표평면에 나타내기 어렵거나 방정식의 해 중에서 도출이 되는 해로써 허수를 나타낸다. 과학에서도 양자역학과 우주의 기원, 유체 역학에서도 허수를 사용한다. 또한 전자기학에서도 전류에 관련하여 허수를 나타낸다. 허수는 오직 머릿속으로만 존재하는 수로도 대접받지만 i를 사용하여 간단하게 연산하기도 한다.

크게 실수와 허수로 나뉘는 복소수는 수의 세계에서 은하계로 비유된다. 물론 복소수보다 더 넓은 범위의 수가 나올지도 모르지만 지금의 수 체계에서는 복소수가 가장 넓은 범위를 보여준다.

허수를 처음 알린 수학자는 16세기 이탈리아의 수학자 라파엘 봄블리이다. 데카르트도 비슷한 시기에 허수의 존재를 발표한 바 있다.

18세기에 오일러가 $\sqrt{-1}$을 i로 표기하여 나타낸 이래로 지금도 i를 허수로 사용한다. 스위스의 수학자 오일러는 허수와 자연상수, 무리수 π를 같이 한꺼번에 표기한 공식인 $e^{i\pi}+1=0$이라는 오일러의 공식을 발견했다. 오일러의 공식은 세상에서 가장 아름다운 공식이라고 불린다.

홀로그램 전문가

피터팬의 팅커벨 요정이 손바닥에 놓인 장면에서 우리는 홀로그램을 떠올릴 수 있다. 만져지지는 않으나 3D 영상을 갖추어 어느 방향으로도 사물이나 사람을 볼 수 있다.

홀로그램은 빛을 통해 간섭무늬 현상으로 나타내는 입체의 상이 필름에 나타나는 3차원 입체필름을 말한다. 19세기의 마술사들이 귀신을 연출하여 관객을 속이기 위한 방법 중 하나로 홀로그램이 시작되었다.

홀로그램은 실제 현장에 가보지 않고도 영상 체험을 할 수 있으므로 신비롭기도 하다. 2018년 평창 동계 올림픽의 개막식과 폐막식도 홀로그램을 관객들에게 선보인 바 있다.

우리나라의 투표 개표 방송은 홀로그램을 매우 잘 이용하고 있다. 방송에서는 다양한 상황을 연출해 인터뷰 모습 등을 홀로그램으로 재현하여 실제라는

홀로그램으로 만드는 창의적 콘텐츠와 입체적 자료들은 많은 것을 가능하게 하며 우리 삶을 바꿀 것이다.

착각이 들 정도로 완벽하게 구현해 보여준다. 문화재가 있는 명소도 직접 가보지 않고도 홀로그램으로 관람하는 시대는 이미 열려 있다.

홀로그램이 주로 또 중요하게 사용되는 분야로는 영화를 들 수 있다. 영화 〈아이언 맨2〉에서는 주인공이 홀로그램을 터치하면서 로봇 슈트를 고르기도 한다.

2015년 일본은 영화처럼 공기 중에 플라즈마를 분사하여 만지는 홀로그램을 개발하기도 했다. 미국도 브리검영 대학 대니얼 스몰리 교수팀이 2018년에 공기 중에 수많은 미세 입자를 제어하여 홀로그램을 초월한 3D 영상을 제작했다. 이를 통해 스타워즈의 레아 공주와 대화하는 것과 같은 장면을 구현

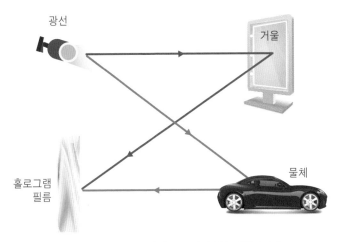

홀로그램은 간섭무늬 현상으로 이미지를 재현시킨다.

했다.

우리나라에서도 2018년에 전자 및 정보공학과 교수로 구성된 공동 연구팀이 기존의 홀로그램보다 해상도가 100배 높은 홀로그램 소자를 개발했다.

인터넷이 발달할수록 이 홀로그램에 대한 수요는 증가할 수밖에 없다. 홀로그램이 현실화되면 복잡하게 먼 곳까지 출장을 가는 대신 홀로그램 회의를 하면서 그 자체를 영상으로 남기는 것이 가능해진다. 이는 비용절감과 빠른 의사결정, 다양한 의견교환 등을 가능하게 하며 말 그대로 전 세계의 생활화가 이루어지는 일대 혁명이 아닐 수 없다.

그렇다면 홀로그램에는 어떤 수학적 원리가 담겨 있는 것일까?

홀로그램으로 할 수 있는 일은 다양하다. 이는 문화와 접목되어 새로운 환경을 제시할 것이다.

푸리에 정리

홀로그램은 푸리에 정리를 기본으로 생겼다. 프랑스의 물리학자이자 수학자인 푸리에^{Jean-Baptiste Joseph Fourier, 1768~1830}는 19세기 과학에서 없어서는 안 될 인물이다. 그가 소개한 수학적 정리로는 '복잡한 파동은 단순한 여러 개의 파동이 합하여 생성된 것이다'라는 과학 정리가 있다. 그리고 파동을 수학적 수식으로 나타냄으로써 지금의 홀로그램을 포함한 여러 파동에 관한 원리에 적용할 수 있게 되었다. 즉 푸리에 급수는 진동 분석과 영상 처리를 포함하여 적용할 수 있는 하나의 공식이자 정리가 된다.

우선 푸리에 정리에 들어가기 전 삼각비 6가지에 대해 나타내면 다음과 같다.

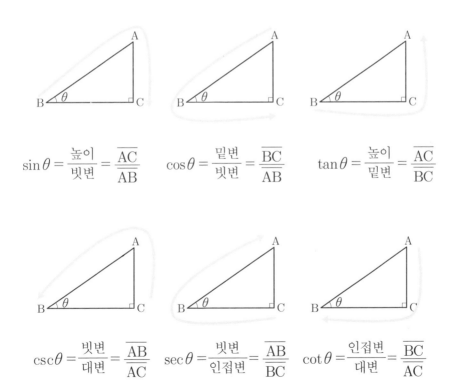

$$\sin\theta = \frac{\text{높이}}{\text{빗변}} = \frac{\overline{AC}}{\overline{AB}} \qquad \cos\theta = \frac{\text{밑변}}{\text{빗변}} = \frac{\overline{BC}}{\overline{AB}} \qquad \tan\theta = \frac{\text{높이}}{\text{밑변}} = \frac{\overline{AC}}{\overline{BC}}$$

$$\csc\theta = \frac{\text{빗변}}{\text{대변}} = \frac{\overline{AB}}{\overline{AC}} \qquad \sec\theta = \frac{\text{빗변}}{\text{인접변}} = \frac{\overline{AB}}{\overline{BC}} \qquad \cot\theta = \frac{\text{인접변}}{\text{대변}} = \frac{\overline{BC}}{\overline{AC}}$$

앞의 그림처럼 사인(sine), 코사인(cosine), 탄젠트(tangent), 코시컨트 (cosecant), 시컨트(secant), 코탄젠트(cotangent)를 통해 삼각비에 대해 이해하면 삼각함수의 계수로 오일러의 공식을 적용한 푸리에 급수가 완성된다.

$$f(x) = \frac{1}{2}a_0 + \sum_{n=1}^{\infty}\left[a_n\cos\left(\frac{n\pi x}{L}\right) + b_n\sin\left(\frac{n\pi x}{L}\right)\right]$$

sin과 cos의 합으로 구성된 푸리에 급수

다소 복잡해 보이는 한 줄짜리 수식을 통해 푸리에 급수가 말하는 의미는 다음과 같다.

복잡한 파동도 단순한 여러 개의 파동의 조합이다.

특수효과 기술자

   영화에서 특수효과는 영화를 구성하는 매우 중요한 요소로 장르를 가리지 않고 많은 영화에 등장하는 기법이다. 스타워즈나 아바타 같은 *SF* 영화는 특수효과로 이루어진 영화라 할 정도로 컴퓨터 그래픽으로 처리한 영화는 허상을 현실처럼 느끼게 만들 정도로 시각적 생동감과 감동, 경이로움을 선사한다. 우리나라도 특수효과가 없었다면 영화 〈미스터 고〉에서의 고릴라의 움직임은 불가능했을 것이다. 또한 〈신과 함께〉나 드라마 〈킹덤〉과 같은 실사 화면 제작이 어려웠을 것이다.

   영화나 드라마에 마법 같은 효과를 선물하는 특수효과 기술자는 컴퓨터 그래픽 프로그램을 사용하여 현실감 있는 특수효과 업무에 종사하는 전문가를 말한다. 헐리우드 영화계에서는 영화 속 특수효과가 50% 이상의 비중을 차지하므로 디자인 분야에서는 전망이 밝은 직업이다. 더구나 우리나라의 특수효

특수효과는 SF부터 판타지, 로맨스까지 장르를 불문하고 환상적인 다양한 효과를 나타낼 수 있다.

과 기술은 전 세계적으로 인정받고 있다,

특수효과 기술자가 되기 위해서는 고등학교 또는 대학에서 시각 디자인학이나 영상 디자인학, 컴퓨터 그래픽과를 전공하면 유리하다. 사설 학원에서 실무 위주의 교육을 이수하고 진출하는 경우도 있다.

모든 분야가 그렇지만 갈수록 특수효과에 대한 의존도 및 중요도가 높아지고 특수효과에 따라 영화나 드라마의 완성도가 달라지므로 이 분야는 인내심, 집중력, 책임감이 강해야 한다. 특수효과 장면에 대한 다양한 계산과 효과, 부분적 구성력도 중요하며, 미적 감각과 공간 감각도 키워야 한다.

그렇다면 우리가 배우는 수학은 특수효과에서 어떻게 활용되고 있을까?

나비에 스토크스 방정식

여러분은 전쟁 영화에서 파도의 흐름이나 모험 영화에서 물방울의 정교한

우리의 상상을 영화 속 현실로 옮기는 작업을 특수효과가 하고 있다.

움직임, 화재 영화에서 불길의 거침없는 공격 같은 것을 본 적이 있을 것이다. 이러한 장면은 모두 특수효과의 결과물이다. 그리고 이때 사용하는 방정식이 있다. 나비에 스토크스$^{Navier-Stokes}$ 방정식이다. 뉴턴 제2법칙을 확장한 방정식으로도 알려져 있다.

나비에 스토크스 방정식은 4차 산업과 과학기술을 해결하는데 가장 중요한 방정식의 하나로 평가된다. 물, 공기, 가스, 입자와 같은 흐르는 물성을 갖는 모든 물체에 작용하는 힘과 운동량의 변화를 기술하는 비선형 편미분방정식이다.

$$\frac{\partial u}{\partial t} + (u \cdot \nabla)u = f - \frac{1}{\rho}\nabla p + \nu \Delta u$$

이는 벡터와 시간을 적용하여 물체의 움직임을 표현하는 방정식이 된다. 아직도 연구가 한창인 이 방정식은, 적용 범위에 따라서 정확한 해가 나오지 않아 난해한 방정식이기도 하다. 때문에 근사해를 구해서 상황에 맞는 풀이와 적용하는 방법으로 많은 영역에서 사용하고 있다.

영화에서는 이 방정식을 적용하여 컴퓨터 그래픽으로 해결함으로써 영화의 생생한 장면과 멋진 특수효과 연출을 만들어내는 것이다. 따라서 나비에 스토크스 방정식은 영화 산업에 크게 기여하는 방정식으로 인정받고 있다.

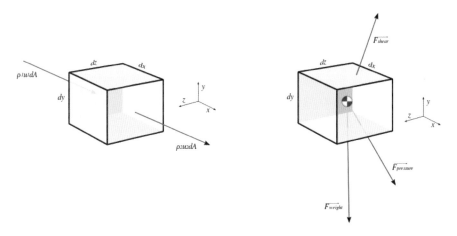

질량의 흐름과 힘을 보여주는 방정식으로 나비에 스토크스 방정식과 같은 유체 유동 방정식의 도출에 사용된다.

찾아보기

참고 도서

BIG QUESTIONS 수학   조엘 레비 저, 오혜정 역, 지브레인

누구나 수학   위르겐 브뤽 저, 정인회·오혜정 역, 지브레인

수학 수식 미술관   박구연 저, 지브레인

4차 산업혁명을 대비한 십대 진로 길잡이   이보경 지음, 지브레인

수학의 파노라마   클리퍼드 픽오버 저, 김지선 옮김

숫자로 끝내는 수학 100   콜린 스튜어트 지음, 지브레인

품질관리   송재우 저, 형설출판사

왜 지금 드론인가   편석준, 최기영, 이정용 공저, 미래의 창

한 권으로 끝내는 수학   패트리샤 반스 스바니, 토머스 E, 스바니 공저, 오혜정 옮김

앤더슨의 통계학   데이비드 앤더슨 외 2인 공저, 한올

손안의 수학   마크 프레리 저, 남호영 옮김, 지브레인

참고 인터넷 사이트

대학수학회 www.kms.or.kr

두산백과 www.doopedia.co.kr

이미지 저작권

표지 이미지

pixabay.com, www.utoimage.com, www.shutterstock.com

셔터스톡 www.shutterstock.com

6, 7, 8 아래, 9 아래, 11, 18, 29, 35, 50 아래, 73,102, 106, 111, 112, 158, 175, 176 위

유토이미지 www.shutterstock.com

13 아래, 89, 95, 96 위, 98, 100, 129, 161,181, 183,

프리픽 www.freepik.com

168, 169